打開天窗　敢説亮話

U0022951

INSIGHT

天窗出版

給郭有誠，希望到了2070年，他會身處本書所設想的「新黃金時代」。

人類的前途

前途

——未來 50 年與 500 年

李偉才 著

目錄

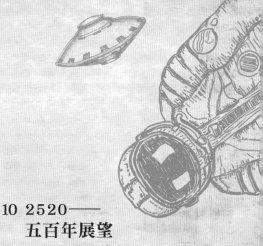

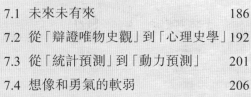

序

你現在手上的，是我畢生最想寫的一本書。

但由我發願寫一本這樣的書，到最近終於完成，中間超過了半個世紀，也經歷了近四十本書籍的寫作與出版。

回想起來，這其實是一件好事而不是壞事。要處理這樣一個龐大的題目，更多的準備也不會嫌多。

真正令我立志寫這本書的，是一本名稱完全一樣的書籍：今日世界出版社於1964年出版的《人類的前途》。這是一本譯作，原著乃由美國科學作家哈里遜（George R. Harrison）於1956年所發表的 *What Man May Be --- The Human Side of Science*，譯者是台灣的易家愿先生。

我是小學六年級時無意間在書店見到這本書的。我自幼家境清貧，日常的零用錢很少，但一看之下便被書名深深吸引，於是毫不猶豫以港幣兩元把書買了下來。（這是我自己買的第二本書，第一本應是較早前與兩名同學每人夾六毛錢買的《電的故事》。）

在此要衷心感謝哈里遜先生與易家愿先生，因為這本書對我的影響實在太大了。它既燃點起我對科學的熱情，也令我深刻感受到科學與人類社會息息相關。我升上中學一年級之後才把全書讀完。之後我把一些特別喜歡的段落抄到我的筆記簿上：

「凡是熱愛人類的人都應該自行努力，以求相當熟悉科學的方法和

科學的意義。事實上，今日誰若不對科學方面的事情相當熟悉，就沒有資格自稱為有文化的人。」

「世人每每對真理偶然一瞥，便產生一個主義，這是十分危險的。」

「有勇氣、有頭腦、有靈魂的人，無須怕機器；對於他們而言，科學開闢了無窮無盡的新天地，滿處都是機會。」

我對這書的珍愛不在話下，可另一方面我也感到失望，這是因為我所期待的有關「人類前途」的預言沒有在書中出現。這可說是一個美麗的誤會，因為英文原著的副標題 the Human Side of Science，已經表明了「預測未來」不是這書的重點。但當時以中文書名為主的我，卻是有點兒被騙的感覺。

自那時起，我便不歇找一些真正嘗試「預測未來」的書籍來閱讀，但數十年來，沒有一本能夠真正滿足我的要求。其中最近的一趟失望，是閱讀哈拉瑞（Yuval Noah Harari）於2016年發表的《人類大命運》（Homo Deus: A Brief History of Tomorrow）。

終於，我唯有決定由自己執筆，而閣下手上這本書，便是我過去數十年的思考和超過一整年辛勤的成果。至於成績如何？便只能夠由作為讀者的你來決定了。

各位翻閱一下目錄，會知道我十分強調「不了解過去便無法了解現在，不了解現在便無法預測將來」。書中的歷史回顧部分從農業革命開始，但為了令大家能夠更全面地了解人類的身世，以下我會溯本尋源，帶大家從宇宙之初進行一趟歷史漫遊。

- 138億年前：我們所認識的空間、時間、物質和能量皆在一次「大爆炸」之中誕生；
- 100億年前：我們所屬的銀河系形成；
- 46億年前：太陽系（包括地球）形成；
- 39億年前：地球生命起源；
- 35億年前：光合作用起源；
- 25至20億年前：大氣層中的游離氧氣開始積累，臭氧層形成，生物從「無氧呼吸」演化至「有氧呼吸」；
- 5億4千萬年前：各類型的多細胞生物興起（主要在海洋），稱為「寒武紀大爆發」（Cambrian Explosion）；
- 4億5千萬年前：可於陸地上生活的脊椎動物興起；
- 2億4千萬年前：恐龍興起；
- 6千5百萬年前：小行星碰撞導致生物大滅絕，恐龍消失，哺乳動物興起；
- 5千5百萬年前：靈長動物（primate）興起（包括現存的狐猴、猴類、猿類、人類以及牠們的直系祖先）；
- 3千萬年前：猿類與猴類分家；
- 2千萬年前：長臂猿的祖先與「人科」（Hominidae）生物分家（後者包括褐猩猩、大猩猩、黑猩猩、倭猩猩、人類和牠們的直系祖先）；

以下的歷史與人類的起源開始十分密切：

- 1千6百萬年前：褐猩猩（orang-utang）的祖先與其他「人科」生物分家；

- 9百萬年前：大猩猩（gorilla）的祖先與其他「人科」生物分家；

- 630萬年前：黑猩猩（chimpanzee）與倭猩猩（bonobo apes）的祖先與人類的祖先分家；

- 400萬年前：人類的遠祖「南方古猿」（Australopithecines）發展出直立行走的習慣；

- 200萬年前：古人類「能人」（Homo habilis）開始大量製造石器工具；

- 150-50萬年前：古人類「直立人」（Homo erectus）開始離開非洲並分布於歐、亞大陸；其中一些的腦容量已經超過1,000毫升（現代人的平均容量是1,350毫升，黑猩猩則為450毫升左右）；生活於50萬年前的「北京人」已經懂得用火；

- 30萬年前：早期智人（archaic Homo sapiens）在東非出現；

- 20萬年前：現代型智人開始在非洲出現，部分開始離開非洲；

- 20萬-4萬年前：「尼人」（Homo neanderthalensis 或是 Homo sapiens neanderthalensis）的興盛時期；

- 4萬年前：「尼人」被現代型智人取代；

- 12,500年前：農業革命開始

為了突顯人類歷史的短暫，科學家設計了一個將整個宇宙的歷史壓縮為一年的「宇宙年曆」（cosmic calendar）。在這個年曆中，138億年

前宇宙誕生的一刻（大爆炸）是元旦日的0時0分0秒，而我們身處的這一刻，則是12月31日的子夜12時正。

好了，現在讓我們看看宇宙演化的各個里程碑。約於1月中旬，最古老的星系和恆星開始出現。我們的銀河系是一個遲來者，因為它的形成時間約為5月11日。我們的太陽系則形成得更晚，要到9月1日才出現，而地球也大約在那個時間形成。

地球上最古老的生命，約於9月21日出現，光合作用的起源是10月12日，大氣層中氧氣的顯著增加是10月29日左右。

說起來令人難以置信，多細胞生物的出現，已經把我們帶到這一年的最後一個月。「寒武紀大爆發」是12月中旬的事情。魚類的興盛始於12月18日，兩棲類的出現是12月22日，而爬行類的出現則是一日後的12月23日。

恐龍統治了地球差不多1億5千萬年，但在這個「年曆」中，這段時間只是由聖誕節的12月25日延伸至12月30日罷了。30日那天的一趟小行星大碰撞，將恐龍推上了絕路。往後的一日即大除夕12月31日，

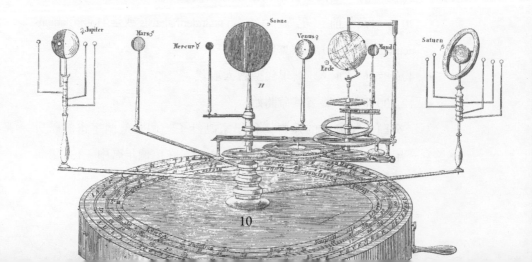

地球迎來了各種猿類的祖先，而人類祖先的出現，則已是當天下午2時後的事情。

人類懂得大量製造石器工具是大除夕晚10時半，懂得用火是11時44分，而進入農業社會則只是最後的一分鐘即11時59分32秒的事情。

有人曾經作過一個這樣的比喻：如果我們把雙臂張開以代表宇宙的時間跨度，則我們只要拿出一個小小的指甲銼，並在代表「這一刻」的中指指端的指甲上輕輕一銼，那麼人類的歷史將完全被刪掉。

有了這個基礎認識，現在就讓我們回顧一下自農業革命以來的人類歷史，進而考察人類當前的處境，然後再嘗試預測人類在50年後和500年後的發展情況吧。但在出發之前，筆者建議大家對這些未來境況作出一些初步的推測，然後看看你的猜測和筆者的猜測有什麼相同和相異的地方。

希望你會享受這趟回顧、前瞻以及挑戰想象力之旅！

李偉才

2020年1月22日

註：(1) 上文提到「人科」生物，這是生物分類學上的一項劃分。生物學家把地球上的生物大致分為八個層次：域(Domain)、界(Kingdom)、門(Phylum)、綱(Class)、目(Order)、科(Family)、屬(Genus)、種(Species)。現代人類的分類是：真核域、動物界、脊索門、哺乳綱、靈長目、人科、人屬(Genus: Homo)、智人種(Species: Sapiens)，故人類的學名是 Homo sapiens。

(2) 到了2070年應該還在世的朋友，懇請你把這本書保存至那個時候（或囑咐你的子女妥為保存），然後對照一下現實世界與本書的預測相差有多大，謝謝！

歷史的回顧：文明的躍升與「反噬」

1.1 ▶ 從文化到文明：念模演化

　　大家可能奇怪，本書既稱「人類的前途」，為什麼一開始卻要進行歷史的回顧？道理很簡單，所謂「前事不忘，後事之師」，無論從個人、民族還是作為一個族類的人類整體出發，不了解過去，我們便無法理解現在；不理解現在，我們便無法預測將來。正如在田徑場上，跳遠之前我們要進行助跑、射箭之前要把弓弦盡力向後拉，我們必須先回顧過去，鑑古以知今，才能有把握預測未來的發展趨勢。

　　哲學家喬治·桑塔亞那（George Santayana）曾説：「那些拒絕學習歷史的人，將被迫重蹈歷史的覆轍。」從另一個角度看，歷史學家霍華德·津恩（Howard Zinn）曾經這樣説：「如果你不懂得歷史，你便等於昨天才生到這個世上。這樣的話，任何有權有勢的人都可以告訴你任何東西，而你只有接受的份兒，因為你根本無法辨別何者為真、何者為假。」不用説，一個民族征服了另一個民族之後，最想消滅的就是後者的文化歷史，因為這是防止他們起來反抗的最有效方法。

　　在本書的序言裡，筆者扼要地敘述了人類起源和演化的歷史。我們現在進行的歷史回顧，將會集中於過去一萬多年來的「文明階段」。

　　人類學家一般都將「文化」（culture）和「文明」（civilization）作出區分。前者指的是一個族群透過後天的學習（而非好像蜜蜂和螞蟻般的遺傳）所展現的特有行為習性，就人類而言，則是不同群落之間的這些

習性上的「特性」（particularities），例如歐洲人愛以麵包為主糧、亞洲人愛以米飯為主糧；印度教徒不吃牛肉、回教徒不吃豬肉；大部分民族盛行土葬，但西藏人則盛行「天葬」等。至於「文明」，則較為著重不同文化之間的「共性」（commonalities），其中包括農業革命、動物的飼養、社會的分層、男權的建立、文字的發明、金屬的使用、宗教的影響等。

當然這種區分不是絕對而是互有重疊的。此外，除了「特性」與「共性」之分外，另一種區分是以發展程度作指標，例如我們會研究中美洲的「瑪雅文明」（Maya civilization），但只會研究「因紐特人的文化」（Inuit culture；「因紐特人」的舊稱是愛斯基摩人）而不是「因紐特文明」。在時間上，一般我們會把「文明」局限於人類於最近這五、六千年的發展，但文化則沒有時間限制。所以我們會研究「五萬年前的人類文化」，但不會去研究「五萬年前的文明」（那些深信「亞特蘭提斯」傳說的人例外）。

有「叢林哲學家」之稱的史懷哲（Albert Schweitzer）曾經為文明的本質作出如下的解釋：「文明的本質是兩重的。第一，它要用理性來控制自然；第二，它要用理性來駕馭人的行為。」

較深入的一點看，在科學研究中，「文化」和「文明」等觀念是隨著時間改變的。在以往，「文化」這個概念只應用於人類和古人類，例如紐西蘭原住民的「毛利文化」（Maori culture）、中國六千年前的仰韶文化、澳洲原住民延續了四萬多年的傳統文化（Aboriginal culture）、一百萬年前直立人（Homo erectus）的「阿舍利文化」（Acheulean culture），

以及最古老的、二百萬年前能人 (Homo habilis) 的「奧杜韋 (石器) 文化」
(Oldowan culture) 等。

　　然而，一些動物行為學家近年來開始將這個概念應用到動物群落
方面。一個最著名的例子，是一些日本彌猴在看見其中一個成員把沾
滿泥沙的蕃薯用溪水洗淨才吃，於是紛紛仿效，以至後來整個群落都
培養成這個習慣。留意這個習慣只局限於這個群落，而未有傳播到其
他彌猴群落中去。在另一族彌猴中，科學家則觀察到另一個有趣「文化
習性」的演化，就是有成員發明了先將散落於泥沙中的麥子掏起並拋進
水裡，待泥沙下沉之後才慢慢撿吃浮在水面的清潔麥子。同樣地，其
他彌猴看見後爭相仿效，而最後整個群落都懂得這樣做。

1800年代後期，毛利人村莊/維基百科

16

對黑猩猩的長期觀察較彌猴的困難，但近年來，科學家對眾多的黑猩猩群落進行了深入的野外觀察，發現不同群落往往都擁有一些不同而必須依賴後天學習才能掌握的生活技能，它們包括製造簡單的工具以幫助覓食（如將小截樹枝的葉除去，然後用來探釣樹洞中的螞蟻）。按照較寬鬆的定義，這些群落之間已經擁有不同的文化特徵。

提出「自私基因」（selfish gene）這個概念的科學家道金斯（Richard Dawkins），為了凸顯人類的行為除了受基因影響外，也會受到由大腦衍生並在個體之間傳播的意念所影響，所以借了基因 gene 的英文造字，創造了 meme 這個與 gene 諧音的新詞。雖然他創這個詞的時候針對的是人類，但按照今天的定義，上述先把蕃薯洗淨才吃、用水的浮力把麥子和泥沙分開、用樹枝釣螞蟻等已經屬於 meme 的範疇。我們更為熟悉的 meme 包括了人類懂得用火、發展出熟食的習慣、把死去的同伴埋葬、懂得使用輪子等等。Meme 這個字至今未有統一的中文翻譯。國內曾譯為「覓母」、近年則譯作「迷因」；台灣曾譯為「瀰」，而筆者則認為我們無需受諧音局限，所以選擇稱為「念模」，其中「念」指觀念、意念；而「模」則有模式、模範和模仿之意。

簡單地說，地球生命出現後百分之九十九點九的時間都屬「基因演化」（genetic evolution）階段，但到了二百多萬年前，「人屬」生物的出現帶來了原始的「念模演化」（memetic evolution），而一萬多年出現的農業革命，則是「念模演化」的大爆發（類似於 5 億多年前基因演化中的「寒武紀大爆發」），「文化演化」被提升到一個嶄新階段：文明演化的階段。

1.2 ▶ 農業革命 與人的躍升

　　約始於一萬二千年前的農業革命，是人類繼工具的製造、火的使用和語言的出現之後，意義最為重大的一個演化里程碑。

　　說農業革命是「人類智力發達到某一水平而催生的」固然沒有錯，但古人類學家的研究告訴我們，以腦容量計，生活在四、五萬年前的克羅馬農人（Cro-Magnon Man）和尼安德特人（Neanderthal Man）的平均腦容量皆較現代智人為高，為什麼他們沒有發展出農耕呢？

　　氣候學家的研究為我們提供了線索。原來過去數百萬年來，地球都受到冰河的周期性推進和消退所影響。最近一個這樣的冰河期（ice age），開始於大約12萬年前，於大約2萬2千年前達於高峰，然後於1萬2千年前左右退卻。不用說，在冰天雪地寒風凜烈的冰河紀其間，「務農為生」根本不是一個選項。也就是說，人類智力的發達，還要得到上天的配合才能開花結果。而隨著1萬2千年前冰河退卻而全球大地回春，農業很快在世界不同地方發展起來。

　　曾經有一段時間，科學家以為位於「兩河流域」（兩河指幼發拉底河 Euphrates 和底格里斯河 Tigris）的美索不達米亞平原（Mesopotamia，即今天的伊拉克和敘利亞一帶）是世界農業的唯一發源地，而其他地方的農業都是由此傳播開去的。過去數十年來的研究顯示，除了兩河流域外，獨立地發展出農耕的地區起碼還有中國的華北平原、非洲的埃

塞俄比亞高地、西非和撒哈拉沙漠以南；而在「新大陸」方面，則包括了中美洲的瑪雅文明和南美洲的印加文明（Inca civilization）。至於其他地區（包括古埃及、古印度和北美一些印弟安部族）的農業，則確是由這些地區散播開去的。（最新的研究顯示，新畿內亞的農業也是本土發展的。）

說起「新大陸」有一點我們不得不提。約 1 萬 3 千年前，全球的海平面較今天的低得多，今天分隔亞洲和北美洲的白令海峽（Bering Strait）是乾旱的陸地，而人類正是透過這條「陸橋」首次進入新大陸的。他們用了不足一萬年，便從北美洲的最北端遷徙到南美洲的最南端。而從那時直至哥倫布於 1492 年抵達美洲其間，新、舊大陸之間基本上沒有文化交流，這給了人類學家一個絕好的機會，去研究人類在不同環境下的各自文化發展。（北歐的維京人曾於十世紀末抵達今天加拿大的東北部海岸並建立過短暫的殖民區，但他們與當地原住民的接觸十分有限。）

當歐洲人於十六世紀初發現瑪雅和印加文明之時，他們一方面驚歎於兩者在建築、水利和城市規劃方面的造詣，以及社會結構和宗教儀式的複雜程度（瑪雅當時的曆法絕不遜於歐洲），卻也驚歎於兩者皆未進入金屬工具時代（雖然用作裝飾的金器做工非常精緻），而印加帝國更加未有發展文字，而仍然停留在結繩記事的階段。

但放到全世界的背景看，以上的例子乃屬例外而非常規。在往後的討論裡，我們仍會將「金屬工具的使用」和「文字的發明和應用」視為人類文明發展的重要里程碑。

宏觀地看，農業革命包括了耕種（plant cultivation）和畜牧

（animal husbandry）的發展，亦即各種野生植物和野生動物的「馴化」（domestication）過程。現在讓我們看看兩者帶來的巨大影響。

農耕（植物馴化）所帶來的大幅糧食盈餘，令到不少人無需直接從事糧食生產，而可以專注於其他工作，例如工具製造（木、石、鐵、皮革）、衣服編織、居室興建、甚至是釀酒、做糕點、做買賣、說故事、教導小朋友、或仰觀天象以測吉凶等。這種社會分工（social division of labour）正是文明之始。

現代經濟學之父亞當・斯密（Adam Smith）曾用了大頭針的製作來說明分工的重要性：工場內十個非熟練的工人在適當的指導下，可以每人專注於一個工序而在一天內造出數千枚大頭針。相反，即使是一個熟練的工人，每天能夠製造二十枚便已經很好的了。簡言之，分工令我們的生產力大幅提升，而人們的生活亦變得愈來愈豐富多姿。

除了農耕帶來的盈餘和閑暇之外，同樣重要的，是動物的馴化所帶來的穩定肉食供應和勞動力的大幅提升。在此之前，人所能夠駕馭的能源便只是個人的體力，但有了馬、驢、牛、駱駝（及南美洲的羊駝）之後，他所能駕馭的能量即以倍數提升。長程運載的能力亦令部落與部落、村莊與村莊、以及後來的鄉鎮之間的貿易蓬勃發展起來。

不用說，上述的發展不是必然的。自從智人（Homo sapiens，現代人的生物學名稱）的全球大遷徙和最後一個冰河紀退卻之後，農業革命確實令一些地區的人類發展出高度的文明，但處於另一些地區的人（如四萬多年前已抵達澳洲，和一萬年前已生活在亞馬遜河流域的土著，也包括住在北極圈的因紐特人）卻歷經了漫長的歲月而改變甚微。

在過往，人們都以不同民族是否聰明和勤奮來解釋這種差異，但過去數十年的研究顯示，人類遠祖選擇定居的地方，對這些人往後的發展起著決定性的影響。更具體來說，雖然兩處地方表面看來皆草木青蔥適宜居住，但該處有多少植物可於往後被馴化而讓人們發展出農業，以及有多少動物可於往後被馴化而讓人們發展畜牧業，兩者之間可以存在著極大的差異（非洲的斑馬無法被馴化和策騎是其中一個例子）。誇張一點說，過去百多萬年的大遷徙其間，最後決定在哪兒停下來定居，已經決定了這些人未來數十萬年的命運。（最極端的一個例子是，如果他們選擇定居的地方含有高度放射性的礦物，則他們世世代代皆容易患上癌症而壽命偏低，卻是直至最近這數十年才明瞭背後的原因……）

的確，今天我們將一個亞馬遜河流域的亞諾馬米族（Yanomami）的幼兒帶往紐約並悉心撫養，他長大後會成為一個紐約人（甚至是成功的華爾街金融經紀）；而我們把一個紐約出生的美國嬰兒帶往亞馬遜森林並由亞諾馬米族撫養，他會成為一個亞諾馬米族人（可能是個成功的獵人和英勇的戰士）。現代智人（Homo sapiens）之間的基因差異，不足以解釋各地的人在文明發展方面為何會出現這樣巨大的落差。

第一個全面地考察文明盛衰的歷史學家是阿諾‧湯恩比（Arnold Toynbee）。他在鉅著《歷史研究》（*A Study of History*, 1934-61）中，對歷史上存在過的23個文明（後來增至26個）進行研究，並提出了著名的「挑戰與回應」（challenge and response）理論，亦即文明的崛興是因為人類要回應環境中出現的種種挑戰。如果環境中的挑戰太少（如南太平洋上物質富饒的島嶼），則人們生活過於優裕，所以沒有發展出複雜文明的需要。相反，如果挑戰程度太高（如處於沙漠邊緣的澳洲土著、或被群山和叢林包圍的新畿內亞土著），則因為人類為了裹腹已將精力耗盡，無法發展出複雜的文明。

近百年來，湯氏的理論被視為一種「環境決定論」（environmental determinism）而受到其他史學家的批評。尤有甚者，人們指出「挑戰與回應」是一種近乎同義反覆（tautological）的循環論證（circular argument），因為「環境挑戰」有多大實在難以衡量。文明沒有崛興可以是挑戰太大，也可以是太少，而文明崛興了則因為挑戰剛剛好。這好像什麼也能解釋，也什麼也解釋不了。

筆者認為，這樣說對湯氏有點不公平，他並非一個單純的「環境決

定論者」，其實他也十分重視人類意志（或稱人的「主觀能動性」）所起的作用。他指出，文明的進程往往由一小撮高瞻遠矚和富有冒險精神的人推進，這些人他稱為「創造少數」（creative minority）。

可以這樣說，對歷史的詮釋，從來都存在著「唯意志論」和「唯環境論」的對立，所謂「英雄造時勢」、「時勢造英雄」，我們都知真理必然在兩個極端中間，但究竟在何處落墨卻是一個永恆的難題。

美國學者賈德・戴蒙（Jared Diamond）於1997年發表了《槍炮、細菌與鋼鐵》（*Guns, Germs and Steel*）這本書，把這個爭論提升到一個全新的水平。在書中，他列舉和分析了大量科學家近年對世界範圍的農業革命起源的深入研究，強而有力地論證了自然環境（特別是「可馴化植物」和「可馴化動物」是否存在）對文明興起的決定性影響。這本書可說是將湯恩比的文明起源理論向前推進一大步，也將「環境論」放到一個遠為堅實的科學基礎之上。

其中戴蒙更提出了一個頗具啟發性的觀點：大陸的東、西跨度遼闊的話（如歐、亞大陸），將有利處於同一「氣候帶」（climatic zone）的民族之間的文化傳播、交流和激蕩，因此有利於文明的崛興。相反，只是南、北的跨度大，但東、西的跨度不足（如非洲和南、北美洲），文化的傳播和融合壯大，將會因為南、北的氣候生態差異太大而無法出現，結果是幅員廣闊的文明帝國難以形成。

看過了農業革命起源的理論探究之後，讓我們看看這場革命所帶來的巨大影響。這些影響堪稱「文明的躍升」，它們至少包括：

1. 人類由追隨食物（動、植物的出沒）而經常遷徙（migration），改為長時間在同一地方定居（sedentary）；（留意這只是指大部分人類而言，因為地球上仍然有少部分人繼續以採集——狩獵（hunting-gathering）為生；而另一部分人則只是馴化了動物而（往往因氣候原因）沒有馴化植物，結果成為「逐水草而居」的遊牧民族（nomadic people），而這些民族和定居的「農業文明」的衝突，是人類文明的一大主軸。）

2. 糧食的盈餘導致人口的大幅增加和城鎮的出現

3. 文字和數學的發明（最先是為了記載物資的庫存和交易、土地的劃分、以及稅收的情況等）

4. 大量有關人類共同相處所需的道德倫理規範逐漸形成，並進而導致律例和法典的制定（如3800年前的「漢謨拉比法典」（Code of Hammurabi））

5. 藝術創作的提升（如巴比倫的建築和雕塑、以及成書於三千多年前的史詩《吉爾伽美什》（*Gilgamesh*））

6. 哲學和宗教的出現（最早的見諸古印度距今近四千年的《梨俱吠陀》經典，以及差不多同一時期的波斯教教義）

7. 樸素的科學探求（古希臘的埃拉托斯特尼（Eratosthenes）於2300年前已準確推斷出地球的直徑）

但歷史是弔詭的，農業革命固然帶來了文明的恩賜，卻也為人類帶來了不少詛咒。現在讓我們看看這些詛咒是什麼。

1.3 ▶ 農業革命的 詛咒

農業革命和文明崛興帶來的詛咒至少包括：

1. 對大自然環境的大規模破壞：除了人類所挑選的馴化品種外，大量生物物種的生存空間備受擠壓，不少甚至步向滅絕；

2. 大規模戰爭的出現：有盈餘便有累積，有累積便有財富，有財富便有劫掠。而因為人口上升耕地的需求也上升，土地的爭奪較「採集——狩獵」階段時的「領域衝突」激烈得多。金屬武器的使用，則使暴力衝突變得更為血腥和致命。誇張的一點說，人類的「原罪」便是由此而來的。

3. 人對人的大規模壓迫：部落間的衝突往往產生大量的戰俘，這些戰俘遂淪為勝利者任意壓迫和差使的奴隸，醜惡的奴隸制度由是出現。這種制度何時起源已是無從稽考，但它的結束卻有一個明確的日期：美國南、北戰爭之後的 1865 年，即距今只是 150 年左右。但即使撤除了奴隸制度，文明的一大特徵就是「階級分化」，即無論生產力如何進步，社會上大部分的生產資源（土地、機器、知識、資金）總是掌握在一小撮的權貴階層（貴族、地主、資本家……），而其他人都要在他們的差使下勞動才能獲得生計。不用說，這種「社會秩序」成為了人壓迫人和人剝削人的溫床。

4. 男權宰制：同樣醜惡的一項發展是男性對女性的壓迫。在「採集——狩獵」型社會，兩性的社會地位相差不大。但隨著農業革命所導致的定居、土地佔有和劃分、勞動生產力的追求、財富（私有產權）的累積和爭奪等等發展，女性逐漸淪為生育機器和男性的附屬品。所謂「在家從父、出嫁從夫、老來從子」，「女子無才便是德」，人類一半個體的個性、自主權和聰明才智被無情的扼殺，這是農業革命為人類帶來的最大傷害之一。

5. 饑荒的出現：這實在是一個弔詭。農業革命的一大貢獻是糧食的盈餘，但糧食多了人們的生育也隨著多了。而且由於男丁的多寡決定著糧食產量的高低（這當然亦是「重男輕女」觀念的由

來），於是各族都追求「人丁旺盛」，結果是愈生愈多，人口和糧食出現競賽的局面。還有較少為人知的一點是，女性以乳汁餵哺子女其間會處於天然避孕狀態，在「採集——狩獵」年代，每個嬰兒出生後，這段時期可達四、五年之久，故此當時女性的一生有六、七個孩子已算不少。但在農業社會，由於穀物如米、麥等可研磨成粉末並煮成稀漿來給小兒作食物，結果是母親可以提前多年即為小孩「斷奶」（weaning），從而可以再次受孕生育。不用說，這令族群的出生率大大提升，而一個女性生有十多個子女再也不是稀奇的事情。好了，將上述的發展加上因天災和蟲害所導致的偶然農作物失收，我們便齊集了大饑荒爆發的所有條件。在以往，一處的果實或獵物不足的話，部族可以隨時移居他處。但在農業社會，這種做法顯然困難得多，要是真的出現的話，便是一片「餓殍遍野、流離失所」的悲慘景象。

6. 瘟疫的出現：一大群人和牲畜長時間聚居一處，由彼此接觸的親密程度和排洩物的堆積等角度考察，無疑提供了瘟疫爆發的溫床。眾多的研究顯示，除了衛生環境欠佳外，大部分瘟疫都是因為動物身上的病毒找到了新的宿主：「人類」所引致。

以上是較大的幾項影響。另一項影響是各種犯罪行為（欺詐、盜竊、謀殺、強姦等）的增加，原因是人口上升令我們碰到的「陌生人」數目大幅上升，而犯罪者可以逃避罪責（無論是心理上還是刑法上）的機會也上升。試想想，在一個只有數十人的群落中，一個人的罪行很

難逃過族人的眼睛；但在一個五、六千人的村莊（不要説五、六萬人的城鎮）裡，犯了罪的人確有逃之夭夭的可能。

一個較小的影響是，按照人類學家對古人牙齒化石的研究，人類蛀牙的情況在農業革命之後迅速惡化。為什麼？原來是因為人類大量進食煮熟的穀物之後，很易在牙縫間留下殘餘的碳水化合物，而在口水作用下，這些碳水化合物轉化成糖份並侵害我們的牙齒。經常的牙痛成為了農業社會的一個詛咒。

可以這麼説，西方文明常提到「人類處境」中的「啟示錄四騎士」（The Four Horsemen of the Apocalypse）：瘟疫、戰爭、饑荒、死亡，頭三者基本上都是農業革命的產物。

鑑於上述的分析，不少學者提出了「農業陷阱」（Agricultural Trap）這個概念。之所以説「陷阱」，是我們一旦掉進去，便無法（至少是極困難）再逃出來。往後我們會看到，過去數百年的「工業革命」也創造了一個「工業陷阱」；而過去百多年的科技革命也創造了一個「科技陷阱」，以至一些學者提出了「科技反噬」甚至「文明反噬」的悲觀理論。

從最宏觀的角度看，這當然便是世界的根本弔詭：所謂「水能載舟，亦能覆舟」，正如希臘神話中的「兩面神」（Janus）一樣，任何事物都有其兩面性。在未探討「科技反噬」之前，先讓我們看看一項最具兩面性的人類發明：金錢。

1.4 金錢世界

在所有「念模」之中，對人類近世（指過去三、四千年）影響最為深遠的，非「金錢」莫屬。

分工是文明之源，也是金錢之源，彼此的關係可說密不可分。

動物界中當然早有分工，蜜蜂和螞蟻等社會性昆蟲不用說，就是高等的哺乳動物如狼群和海豚，在追捕獵物時也會作出某種程度的分工。但就人類社會中高度和精細的分工而言，無疑是農業革命的獨特產物。方才已經說過，既然不是每個人都要從事直接的糧食生產活動，一部分人於是能夠專注於其他的活動如製造工具（木匠、鐵匠）或保衛族人（戰士）或占卜祭祀（巫師、祭師）等。而讓這些人能夠以他們的服務來換取必須的糧食，最好的方法莫不如金錢（學術的稱謂是「貨幣」）。留意所謂「三軍未動，糧草先行」只是打仗時的情況，在太平盛世，軍隊的糧餉固然有糧食的部分，但更重要的是「餉」即金錢的部分，否則上至將軍下至走卒也無法養妻活兒。

其實，即使是「以物易物」的實物經濟活動，金錢的使用也帶來了極大的方便。試想想，如果我想用我養的雞來換取你釣的魚，我們怎樣來決定一頭雞「值」多少尾魚呢？因為雞有大小而魚也有大少（更有種類或新鮮不新鮮之分），要決定一個合理的交換比率是十分頭痛的一回事。有了金錢這種「通用中介物」，事情便容易得多了。在一個市集

裡，每一個人都可以為他提供的物品定出一個以金錢計算的價格，而買賣雙方遂可以按照各人的喜好和物品的供、求數量、貨物的品質等考慮來選擇一個合理的價格進行交換。就是這樣，我們所認識的經濟學誕生了。不錯，貨幣的使用滲透至人類所有經濟活動是一個漸進的過程，但戰國時管仲要處理的經濟問題，很大程度上已經是一個「貨幣經濟」的問題，而王莽政權的失敗，貨幣改革失當是一個重要原因。

可以這樣說，只要社會分工到了某一複雜程度，金錢是一個自然而然甚至無可避免的發明。不錯，文字當然也是一項這樣的發明。但在某一意義上，金錢的影響較文字更為深遠。這是因為在一段很長的時間裡（由數千年前金錢的普及至數十年前福利社會的出現），一個不識字的人（在歷史上即絕大部分的人）仍可在城鎮裡覓得生計；但一個長時間身無分文的人，除了當乞丐外便無法在社會上生存。所以有人說，文明就是一個從「沒有食物會餓死」演化為「沒有金錢會餓死」的進程。

打開任何一本經濟學的課本，都會為「貨幣」列出以下的定義：

1. 經濟交換的媒體（medium of exchange）
2. 價值的儲存物（storage of value）
3. 會計的單位（unit of accounting）

這些定義當然沒錯，但從人類學的角度，它們忽略了最重要的兩點。第一點是金錢作為「實體財富的佔有權」，第二點是金錢的「債務」本質。

讓我們先看看第一點。不少人對金錢是否等於財富感到困惑。嚴

格來説，金錢當然不等於財富。環保主義者常常引用的一句説話是（來自北美原居民的克里族）：「只有當最後一棵樹被砍掉、最後一尾魚被捕捉和最後一條河被毒化之後，我們才會發現，金錢是不能用來充饑的。」

以上固然是一種深刻的智慧（其實只是常識），但所指的是一種較極端的情況。在環境生態和社會秩序仍未大規模崩潰的情況下，金錢確實「等於」財富，而且是一種較實物好得多的財富。試想想，你情願擁有一百擔穀物、一百斤上等木材、十頭豬，還是擁有相等於上述物品市場價格的金錢呢？我相信答案必然是後者，這是因為金錢的靈活性是實物所無法比擬的。即使是我們以往常用以代表財富的「金銀珠寶」（假設我們找到一個巨大的寶藏），也必須找到「買家」來折換為金錢，我們才可買到我們所需的田地、房屋、錦衣美食和婢僕。

還有一點我們容易忽略的，是穀物、木材會腐爛，豬隻更需要餵飼，也會生病、衰老和死亡，因此「保鮮期」都是有十分限的。相反，金錢的「保鮮期」（特別在通貨膨脹不高的時代）可說近乎無限。而不用說，穀物、木材和豬隻都不能輕易攜帶，而且亦需要不少儲存空間。

正由於上述的（1）高度靈活性、（2）便於攜帶和儲存、以及（3）近乎無限的保鮮期，人類對金錢的瘋狂追求，在過去數千年成為了「人類處境」的一項主旋律。不錯，金錢作為「實體財富佔有權」要通過「市場經濟」來體現，但所謂「有買便有賣」、「重賞之下必有勇夫」、「有錢駛得鬼推磨」，這種體現從來都並不困難。

金錢作為「佔有權」的本質，在拍賣會中便最為突出——無論被拍

賣的是珠寶、名畫、古董，奴隸還是因為「斷供」而被銀行「強拍」的物業。較為少人留意的例子，是一個貧窮國家為了人民的生計（也可能因為當權者的貪污）而把國家的礦物開採權（即佔有權）賣了給外國的財團。如果被賣的是一大片擁有珍貴木材的森林，則世代靠這個森林維生的居民則更會被驅趕而流離失所。「零八金融海嘯」之後，斯里蘭卡政府為了挽救經濟，被迫將南部一些原本屬於大眾的優美沙灘，賣給了國際財團以興建私人渡假村和五星級酒店，自此，當地的國民便喪失了享用這些沙灘的權利，而一些世代以捕魚維生的漁民，便因為海岸線被「私有化」無以維生，最後被迫流入城市加入勞動市場的底層。

再讓我們看看一個假想的例子：如果兩個只種植「經濟作物」（cash

32

crop，如煙草）的第三世界國家（或兩條村莊）人口相若但擁有的金錢（美元外匯）相差一倍，則假如碰到（國際）糧食供應（或大瘟疫下的藥物供應）緊張，則假設較富有的一方可購入僅僅足夠國民所需的糧食（藥物），那便表示貧窮的另一方只能購入一半所需，結果是，後者會有一半國民餓死（病死）……這便是金錢作為「實體財富佔有權」甚至「生命權」的「終極體現」。

常言道：「金錢不是萬能，但沒有金錢卻萬萬不能。」金錢可以提供我們日常生活的所有物質需要，也可以轉化為各種窮奢極侈（並炫耀於人前）的物質享受（對，金錢買不了愛情，卻可以讓富豪（假設為男性）包養選美冠軍和影視女明星……）。凡此種種的誘惑，導致了「人為財死，鳥為食亡」的悲劇。在電影《竊聽風雲3：土豪爭霸》中，古天樂向吳彥祖說：「我們都知道，為了錢，人可以壞到什麼地步……」

對於歷史學家和社會學家來說，金錢也是充滿矛盾的事物。首先，沒有了「貨幣經濟」的組織能力，很難想像中國的大運河、鄭和下西洋、羅馬的聖彼得大教堂、麥哲倫船隊環繞地球、火車、輪船、飛機甚至人類登陸月球等偉大事業如何能夠出現。可以毫不誇張地說，金錢的發明和使用是人類各種偉大文明建設的基石。

此外，金錢亦很大程度上協助人類打破（當然並不徹底）階級森嚴的封建社會制度。在以往，貴族的特權只有貴族能夠享受，但隨著「拜金主義」的興起，在「認錢不認人」的市場原則下，只要我有錢（無論是努力工作賺得、偷呃拐騙所得、或甚至只是在路邊拾得），我便可以獲得「帝王般的享受」。因此，從打破「階級出身」的桎梏這個意義看，金

錢是人類歷史上一股偉大的「平等化」力量（the great equalizer）。

然而不用多説，擁有大量金錢的人（即使是偷呃拐騙所得）有權有勢高高在上，無錢的人無權無勢備受欺凌。農業革命和貨幣經濟下出現的貧富懸殊，成為了人類的另一詛咒。所謂「富者連田阡陌，貧者無以立錐」、「朱門酒肉臭，路有凍死骨」，「平等化」作用只是針對過往的皇權貴冑擁有的特權，在現實世界裡，金錢成為了一股令社會分化的巨大力量（the great stratifier）。由此引申，金錢也是集「解放者」（the great liberator）和「壓迫者」（the great oppressor）於一身的雙面怪物。

在現代社會，金錢往往成為了衡量一個人是否成功的唯一標準，這令到人的價值受到嚴重的扭曲。而在商業掛帥的價值觀下，「每一個人都有他（她）的價格」更是極度貶損人類尊嚴的一種非人化（dehumanizing）傾向。在本書的後半部，我們將看看一些抗衡這些傾向的革命性建議。

十七世紀初，基於「部分儲備金制度」（fractional reserve system）的現代銀行（modern banking system）、股份公司（joint-stock company）和債券（bonds）及股票市場（stock market）等相繼在北歐出現，「金錢遊戲」被提升至一個嶄新的境界。不久，以「風險管理」（risk management）為名的「期貨」（futures）、「期權」（options）和各種五花八門和愈來愈複雜的「衍生投資工具」（derivatives）不斷湧現，令人目眩的「高級金融」世界（world of high finance）誕生了。

今天，即使經歷了「零八金融海嘯」，各國的不少年輕人仍然以成為「金融才俊」為事業的最高目標。打開任何一本金融的教科書，我們

都會看到「金融的社會功能」是「透過市場把資金最有效地調配到生產力最發達的領域」，以及「為創意找尋資金、為資金找尋創意」等說法，但一般教科書沒有告訴你的，是「金融即債務」這個本質。

金融作為一種債務，是因為金錢本身就是一種債務。不錯，我們方才說金錢是「佔有權」，但在更深刻的層次它是一種債務。請想想，即使我們使用的是「硬貨幣」（hard currency），但金幣、銀幣和銅幣等不能用來充饑，也不能用來禦寒，所以它們歸根究底是一種象徵，背後所代表的就是「債」。這種性質在紙幣發明之後便更加明顯。

扼要言之，假設你花了三天時間替我修補好屋簷，我於是寫了一張欠單，讓你將來有需要時拿著它來找我，要我同樣花三天時間替你工作（例如割禾或是打穀）。看！所有鈔票（紙幣）基本上就是這樣的一張欠單，只是如今這張欠單已經在市場上流通以作買賣之用罷了。今天經濟學將貨幣分為 M1、M2、M3 等不同的類別，而鈔票也很大程度上變成了電腦中的一堆記號，但它們作為欠單的性質基本上沒有改變。請看今天擁有龐大「外匯儲備」的國家，儲備中最的大部分皆是「美國債券」，則「金錢乃是債務」的性質便已昭然若揭。（以上修屋的例子只是為了說明背後的理念，因為按照歷史學家的研究，民間的「投桃報李、禮尚往來」從來不需要「欠據」，貨幣制度的建立，基本上都是由國家推動而非民間所推動的。）

鈔票最先是在宋代的中國發明的，但不久即為歐洲及至全世界所仿效。鈔票可以是「有本位」或「無本位」的，歷史上最常見的是「金本位」（Gold Standard）和「銀本位」（Silver Standard）。而在「本位貨幣」

的年代，每一張鈔票理論上都可以被拿回發鈔的機構（銀行），並要求換回同等價值的黃金或白銀。第二世界大戰後，作為戰勝國領袖的美國建立了著名的「布雷頓森林金融體系」（Bretton Woods institutions），訂明每盎士（ounce）黃金價值35美元，而世界上主要的貨幣則與美元以固定的匯率「掛鉤」。這個制度令戰後的全球金融穩定下來。

然而，到了1971年，美國總統尼克遜為了種種理由（越戰帶來的龐大赤字是主因）而將美元跟黃金脫鉤，從而把美國自己一手建立的制度推翻。從此，世界進入「無本位貨幣」的年代。

在本位貨幣年代，一個國家發行鈔票的總量，理論上不能超過她所擁有的貴金屬儲備（金或銀）的總價值。但在無本位年代，一個國家理論上可以濫發鈔票以應付任何開支。當然，這會引發嚴重的通貨膨脹也會帶來信譽危機。歷史上這些情況確曾出現，並且沒有一次有好的下場。

不幸地，過去大半個世紀以來，全人類正處於這樣的一種情況。由於「美元霸權」（American dollar hegemony）的全球宰制是如此的牢固，美國早已抵受不住「開動她的印鈔機以維持她的超級繁榮」這個誘惑。這當然只是形象的說法，因為今天的「量化寬鬆」（Quantitative Easing）根本無需印鈔，而只需在電腦鍵盤上打多幾個零罷了（當中涉及的「財技」——即障眼法——當然巧妙複雜得多）。

進行「量化寬鬆」的當然不止美國，特別在「零八年金融海嘯」之後，世界各個大國都加入了這場遊戲。時任中國總理的溫家寶就像變魔術一般宣布「投入」四萬億人民幣救市，請大家想想這四萬億從何

而來？事情已經很清楚：鈔票就是欠單，而發鈔便等於發債。也就是說，我們已經進入了一個「債務文明」的年代：國家「以債治國」（一些終於弄至破產）、企業「以債經營」、個人「以債消費」（請看看鋪天蓋地的「私人財務公司」廣告）⋯⋯這種情況會如何演變下去，至今仍是未知之數。

美國汽車大王亨利・福特（Henry Ford）曾經說：「幸好我們的人民不知道銀行和貨幣制度的真實運作，否則不到明天早上便會爆發革命。」

金錢和債務是一個十分龐大而複雜的題目。2011 年，英國學者大衛・格雷伯（David Graeber）發表了《債：第一個五千年》（*Debt: the First 5,000 Years*）這本鉅著，首次以人類學和歷史學的角度，探討債務和金錢之間的微妙關係。此外，蘇珊・喬治（Susan George）所寫的《債比死更難受》（*A Fate Worse than Debt*, 1988）、約瑟夫・史迪格里茨（Joseph Stiglitz）所寫的《全球化及其不滿者》（*Globalization and it Discontents*, 2002），以及約翰・柏金斯（John Perkins）所寫的《經濟殺手的告白》（*Confessions of an Economic Hitman*, 2004）等書，則深刻地揭露過去大半個世紀以來，西方國家是如何透過債務來繼續剝削和操控剛獨立的第三世界國家的。對於有興趣進一步了解這個題目的朋友，這些都是不容錯過的佳作。

1.5 偉大的 軸心時代

　　文明的崛興所帶來的彼此殺戮、壓迫和顛沛流離，以及（頗為弔詭地）由優裕生活（對於極少數的幸運者如悉達多）所引發的超越性探問（宇宙和人生的目的、價值、意義……），在不同民族中引發出人類第一代的思想巨人。令人驚訝的是，雖然我們沒有證據他們曾經互相影響，但他們生活的年代卻十分接近，都在距今二千五百年前左右（較具體是2700~2300年前）。歷史學家卡爾・雅士培（Karl Jaspers）把這段時期稱為人類歷史的「軸心時代」（Axial Age）。

　　這些古哲先賢包括了大家都熟悉的悉迦牟尼（印度）、老子、孔子（中國）、蘇格拉底、柏拉圖（希臘）等。闡述他們思想和貢獻的著作可謂汗牛充棟，我們當然無須在此細述。可以這麼說，這些偉大思想家所進行的，正是對「人類處境」的第一次全面和深刻的考察和反思。

　　雖然不同民族的側重點有所不同，但他們的提問大致上都涉及：

1. 宇宙萬物從何而來？（緣起論；「道可道、非常道……」）
2. 物質、時間、空間的本質為何？（五行之說、四元素說、樸素原子論；「芝諾悖論」）
3. 人的本質為何？（「人禽之辨」；「性本善」？「性本惡」？）
4. 精神世界與物質世界的關係（如古印度《奧義書》中的探問）；
5. 真實與虛幻（莊周夢蝶；柏拉圖的洞穴寓言）

6. 人生的目的、價值和意義何在？（蘇格拉底的「怎樣才是美善的人生？」、莊子的「逍遙」；儒家的「人能弘道」、「經世致用」）

7. 人類怎樣才可以和睦相處？（兼愛、非攻；大同與小康；哲人皇帝）

8. 神聖（sacred）和塵俗（profane）之間的區別；

9. 「不朽」（immortality）和「超越」（transcendance）的追求。

且聽唐君毅先生對這些思想巨人的評價：「那些人，生於混沌鑿破未久的時代，洪荒太古的氣息，還保留於他們之精神中。他們在天蒼蒼野茫茫之世界中，忽然靈光閃動，放出智慧之火花，留下千古名言。他們在剛破鑿的混沌中，建立精神的根基，他們開始面對宇宙人生，發出聲音。在前不見古人，後不見來者的心境下，自然有一種莽莽蒼蒼的氣象，高遠博大的胸襟。他們之留下語言文字，都出於心所不容已，自然真率厚重，力引千鈞。他們以智慧之光，去開始照耀混沌，如黑夜電光之初在雲際閃動，曲折參差，似不遵照邏輯秩序。然雷隨電起，隆隆之聲，震動全宇，使人夢中驚醒，望天際而蕭然，神為之凝，思為之深。」

簡單地說，這是人類第一次的啟蒙時期。

這些古哲先賢的歷史地位是毋庸置疑的，但從客觀的效果看，他們的理想都落空了。就拿佛陀和孔子的理想作例子，二千五百多年的時間過去了，不少人從他們的教誨中得到啟迪、慰藉、省悟和超脫是肯定的（其間有多少人真的「得道成佛」或達至「內聖外王」的境界筆者自是不敢說），但從宏觀的角度看，人類之間的紛爭和殺戮卻未有因為

— 39 —

他們的教誨而有一刻停止過。

在西方，同樣的情況也出現在耶穌的教誨之上（「愛你的敵人⋯⋯」）。無數的宗教戰爭（如十字軍東征）不用說，看看近代最醜惡的美國黑奴制度（約150年前才結束），幾乎所有奴隸主人都是篤信耶穌並口稱博愛的基督徒，但這沒有阻止他（她）們對非洲人民的奴役和迫害。此外，耶穌說：「富人進入天堂要比一隻駱駝穿過針孔還要難。」但看看今天世界上的超級富豪，他們都熱衷於積累地上的財富多於天上的財富。

簡單而言，世人基本上是講一套、做一套。孔子心目中的「大同世界」，至今仍然有如他周遊列國失敗後所慨歎的同樣遙遠。

此外，佛陀和耶穌都反對偶像崇拜，並教導人們要過簡單儉樸的生活（今天我們常常掛在口邊的「斷、捨、離」）。但我們只要看看歷來世界各地爭相興建的一所比一所龐大和瑰麗的佛寺和教堂，假若佛陀和耶穌能夠目睹，必會搖首嘆息哭笑不得。

然而，在下一章我們會看到，古希臘的理性主義探究精神，以及源於其中一個城邦——雅典——的一個念模：公民之間可以透過自由討論來進行政治決策的「原始民主制度」（proto-democracy），確實為人類於二千年後的「第二次啟蒙」埋下了珍貴的種子。

從傳統到現代：人的解放與異化

2.1 西方的崛起 與全球宰制

　　美國人類學家埃爾曼‧塞維奇（Elman Service）曾把人類早期的政治社會發展大致分為四個階段：採集——狩獵型社會（hunter-gatherer society）中的「群隊」（band）、開始進行園甫式耕作（garden farming）的「部落」（tribe）、以酋長為主的統治階層（包括祭師和戰士）所領導的「酋邦」（chiefdom）、以及基於大規模耕作（往往也包括水利工程）、由君主和官僚階級統治的「國家」（state）。而歷史的文字記載，一般要到國家階段才開始。

　　西亞（中東）「兩河流域」的蘇美文明（Sumerians）、尼羅河流域的古埃及文明、以及黃河流域的商、周華夏文明，都是最早進入「國家階段」的文明。及後，人類歷史上亦出現過不少幅員和影響力都更為龐大的「帝國」（empires）。波斯帝國、漢、唐帝國、亞歷山大帝國、蒙古帝國、羅馬帝國、拜占庭帝國、阿拉伯帝國、莫臥兒帝國、印加帝國、奧圖曼帝國、大英帝國等都是著名的例子。不要以為這些都是陳年歷史，以上所列的最後的兩個帝國，是上世紀才消失的。

　　上述文明和帝國的壽命長短不一，華夏文明經歷了數千年延續至今，但其間的個別朝代則可由周朝的近八百年到隋朝的38年到秦朝的只有14年。在帝國方面，最短命的有亞歷山大帝國（以亞歷山大出征至駕崩計只十一年）和蒙古帝國（版圖最大，但只是維持了160年左右）；而最長的是羅馬帝國（東、西羅馬帝國合計達1,500年），次之是奧圖曼

帝國（624年）。

考古學家斯林（C.W. Ceram）這樣說：「人類若想感到謙卑，不用仰望無盡的蒼穹，而只需望向考古學家從地層中發掘的證據。這些證據顯示，在我們這個時代之前，眾多的文明曾經於這個星球上興起。他們經歷了光輝和燦爛，然後在時間的洪流中消逝⋯⋯」作為一個考古學家，斯林所考慮的「消失文明」當然較我們剛剛所提及的還要多，單是地中海沿岸的湮滅文明便有米諾斯（Minoan）、邁錫尼（Mycenean）、特洛伊（Trojan）和伊特魯里亞（Etruscan）等。中國的三星堆文明和柬埔寨的真臘王朝（吳哥窟）等顯然也是同類的例子。

現在讓我們將眼光放到約500年前的公元1500年。如果我們廣義地把中國、印度和阿拉伯世界稱為「東方」，而把歐洲和後來崛起的美國稱為「西方」，則直至這時及至往後的一、二百年，東方在多方面都比西方強大和先進。一些學者推斷，直至1750年，中國和印度的國民生產總值加起來已經佔了全球的近60%，而整個西方加起來還不到18%。

但留意這種強盛只是形成了區域性的霸權（如中國之於東亞及印度之於南亞），而並沒有形成世界性的霸權。中國的鄭和於1405-1433年間七下西洋雖然遠及非洲，卻沒有建立任何殖民地，而被探訪的國家的政治經濟也沒有受到什麼重大的衝擊。

然而，西方崛起的種子在這時已經播下了。以公元1500年作為座標的起始點，47年前（即1453年）土耳其人終於攻陷拜占庭帝國（Byzantium Empire）的首都康士坦丁堡，「東羅馬帝國」的滅亡令大量學者與珍貴的文獻（特別是亞里斯多德的豐富著作）回流至歐洲各地，大大推動了「文藝復興」（Renaissance）的發展。文藝復興的另一

個功臣是約50年前由古騰堡的活版印刷所引發的印刷革命（Printing Revolution）。早期人文主義者如彼特拉克（Francesco Petrarca, 1304-1374）的著作、文藝復興巨擘達文西（Leonardo Da Vinci, 1452-1519）的手稿、以及大量重新被發現的古希臘典籍等之能夠廣為流傳，印刷技術是關鍵的因素。（最初受惠的書籍是《聖經》。）

但對於歐洲以外的民族，一項更為重要的發展，是八年前（1492）由哥倫布帶領的探險船隊抵達北美洲。自此之後，偌大的空間和土地、大量珍貴無比的天然資源（包括黃金、白銀、蔗糖、皮草）、大量由奴隸制度所提供的無償勞動力，為歐洲人創造了空前的財富。

這是公元1500年之前的發展。往後看的話，43年之後的哥白尼「日心說革命」（1543）開啟了「科學革命」（Scientific Revolution）的序幕，其影響的深遠絕不在哥倫布的「發現」之下。到了伽里略以自製的望遠鏡觀測天體（1609）、培根（Francis Bacon）提出「科學方法」的概念（1620）、胡克（Robert Hooke）以顯微鏡發現細胞的存在（1665）、牛頓提出他的萬有引力理論（1687）……十七世紀歐洲人的知識水平已經遠遠超越地球上任何一個民族。

馬克斯曾經指出：「科學是第一生產力」。上述的「知識大躍進」，導致了各種工藝技術的突飛猛進。隨著18世紀初蒸氣機的出現和化石燃料的大量使用，一日千里的「工業革命」（Industrial Revolution）徹底改變了歐洲人的生活方式。而面對歐洲人的「堅船利炮」，世界其他民族便只有捱打的份兒。不旋踵，人口不到全球20%的歐洲人即成為了地球的主子。

歷史學家鍾斯（Eric Jones）將以上這種「西風壓倒東風」的巨變稱

為「歐洲奇蹟」（European miracle），另一位歷史學家龐慕蘭（Kenneth Pomeranz）則稱為「大分流」（The Great Divergence）。

　　對於歐洲的各個民族，誰個稱霸當然是頭等大事，但對於其他民族來說，無論霸主是葡萄牙、西班牙、荷蘭、法國、英國還是美國，可說沒有多大分別。他們所面對的，是壓倒性的軍事優勢和先進的政治、社會和經濟制度。就以中國為例，在1500年的時候，即使中國在農業技術（南方的水稻一年可收成三次）、工藝技術（冶煉、陶瓷、絲綢……）、建築（故宮、天壇……）、藝術（文學、繪畫……）、經濟調控（常平法、一條鞭法等）、金融服務（票據，銀號……）、組織管理（士紳鄉里、考試制度、文官制度）、法律（大明律）、醫術（中藥、針灸、推拿……）、教育（如四大書院）等各方面如何較西方的先進，到了1900年，「現代科學」就是西方科學、「現代建築」就是西方建築、「現代醫學」就是西方醫學、「現代金融」就是西方金融、「現代法律」就是西方法律、「現代教育」就是西方教育……簡言之，以往的成就（如書院、科舉、衙門和票號）就如沙灘上的城堡般被巨浪所沖毀。不少論者坦言，所謂現代化（modernization），很大程度上只是西化（Westernization）的一個代名詞而已。我們可能不盡同意這個說法，但今天全球公用的曆法是西曆，便是最為雄辯的一個事實。

　　在最基本的物質層面，到了1900年，西方的國民生產總值已經佔全球的75%，而中國的份額則跌至低於10%。

　　以上的巨變當然不獨限於中國，而是遍及西方以外的每一個民族。在這種背景下，西方人的「白人優越論」（white supremacy）和自我辯解的種族主義（racism，因要調和耶穌宣揚的博愛和黑奴制度的醜惡）

便應運而生。人類學家艾瑞克‧沃爾夫（Eric Wolf）在他於 1982 年發表的著作《歐洲與沒有歷史的人》（*Europe and the People without History*）之中便深刻地指出，對於西方殖民者來說，只有他們的歷史才是歷史，而其他民族都是「沒有歷史的人」。他們瘋狂地進行殖民掠奪和迫害的同時，卻宣稱為其他民族帶來「文明的洗禮」。一些人更厚顏地（也可能是真心地）聲稱，世界上所有「有色人種」都是「白人的負擔」（The White Man's Burden）。

西方的學生在學校裡必然會碰到的「地理大發現」（The Age of Discovery）這個課題，這段歷史通常被看成為人類文明發展的一大里程碑。但對其他民族而言，這卻是一個為期達五百年，而至今仍未能完全擺脫的噩夢的開始。

首當其衝的是非洲和南、北美洲的原住民。前者的人民被掠奪之外更被販賣為奴隸，而後者——包括北美的「印弟安人」（因哥倫布以為抵達印度而誤起的名稱）、墨西哥的阿茲提克文明（Aztecs）、南美洲的印加帝國（Incas）等——則更遭到滅族的悲慘命運。很快，挾著堅船利炮的歐洲人遍布全球：葡萄牙人於 1511 年佔領馬六甲、1557 年佔領澳門、1565 年西班牙人佔領呂宋、1642 年荷蘭人佔領台灣、1815 年英國人佔領錫蘭、1824 年佔領馬來半島、1842 年佔領香港、1858 年正式佔領印度，而於十八世紀末即被英國殖民的澳洲，其原住民亦遇上了近乎滅種的厄運。

美國是殖民統治的遲來者，但她也不甘後人，於十九世紀初即提出了「門羅主義」（Monroe Doctrine），高姿態地宣稱整個南、北美洲都是她的勢力範圍，歐洲列強休想染指。及後，她於 1848 年從墨西哥那

兒奪取了大片土地、在1898年吞併了夏威夷群島，並於同年從西班牙人手中奪取了菲律賓。

至十九世紀末二十世紀初，隨著歐洲列強「瓜分非洲」（scramble for Africa）的行動結束，而中國已經陷入半殖民地的狀態，西方對全世界的瓜分基本上完成。

一些人以為上述都是「過去式」的歷史，這當然大錯特錯。西方的宰制（Western dominance）仍然是今天這個星球上鐵一般的事實。不錯，經歷了上世紀的兩次世界大戰之後，世界各處的殖民地紛紛爭取獨立。從宏觀的歷史角度看，這個波瀾壯闊（也異常血腥）的民族解放運動當然值得我們稱頌。但現實卻是，名義上雖然獨立了，這些新興的國家卻仍然深深受著西方的操控，這些操控雖然不再來自赤裸裸的軍事侵佔，但經濟上的宰制仍然令這些國家深陷囚籠。簡單來説，舊的殖民統治消失了，但迅速取而代之的，是「新殖民主義」（neo-colonialism）的宰制。

按照歷史學家伊曼紐・華勒斯坦（Immanuel Wallerstein）的「現代世界體系分析理論」（World-Systems Analysis），無論在過去數百年的「舊殖民時代」還是過去數十年的「新殖民時代」，西方富裕國家構成了世界的「中心」（core）區域，而其他國家則成為了環繞著這個中心的「邊陲」（periphery）。「中心」壟斷了知識、科技、資金、機器、人才並制訂了全球的遊戲規則，而「邊陲」則只能夠靠出賣廉價的勞動力（甚至在勞動中賠上健康和性命），以及國家的農產品和珍貴的木材、礦物等原材料，來換取金錢以購買「中心」國家所售賣的高價製成品。兩者之間即使有貿易關係，都是一種絕不平等的貿易。

以上的不對等關係，一部分固然因為西方經歷了「科學革命」而擁有先進的科學技術，但另一方面，也來自舊殖民時代西方人對世界各地經濟的破壞。簡言之，世界各地人民原有的「自足經濟」（特別在糧食方面的自足）被殖民者逐一摧毀。為了配合殖民主子的經濟利益，當地的人被迫進行大規模的單一種植（monoculture）：例如某處地方全是種植甘蔗、另一處地方則只是種植煙草、再另一處種植棉花、香蕉、咖啡、可可豆或橡膠等。當然，還有是大規模開採各種珍貴的礦產如金、銀、銅、鐵、鋁、錫、錳及至煤、石油、鑽石等。結果是，這些國家即使獨立了，她們的經濟仍然高度依賴發達國家的「需求」，以及各種出口原料的國際價格。

專門研究「第三世界國家」的學者更提出了「資源詛咒」（resource curse）這個概念，就是一個「邊陲」國家的天然資源愈豐富，她不但不會更富強，反而會因為在列強（具體而言是列強的跨國財團企業）的巧取豪奪之下更貧窮落後、貪污腐化和戰亂頻仍。非洲的剛果就是一個最典型的悲慘例子。

至此大家應該明白「反全球化運動」（anti-globalization movement）和「全球公義運動」（global justice movement）的深遠歷史根源。發起這些運動的人指出，過去數十年來，由「通訊革命」、「電腦革命」和「物流革命」所促成的所謂「全球化」巨浪，本質上只是「新帝國主義」（neo-imperialism）底下的「國際勞動分工秩序」的進一步強化罷了。（第一次大規模的「反全球化」示威發生於1999年的西雅圖，除了查閱文獻外，有興趣的朋友還可以一看以此為題材的電影《血戰西雅圖》（*Battle in Seattle*, 2007）。）

2.2 ▶ 人類的 第二次啟蒙

筆者對西方的崛起似乎採取了一個十分負面的態度，但文明的進程又一次展現它的弔詭性質。西方的崛起固然為其他民族帶來深重的災難，但另一方面，它也代表了文明的一大躍升，甚至是人類的第二次啟蒙。

事實是，跨越十四至十七世紀的「文藝復興」（Renaissance）不但是歐洲史上一件值得稱頌的大事，在人類史上也是上一件值得稱頌的大事。由此而引領出的人文主義精神（humanism）、科學革命（scientific revolution）、理性主義（rationalism）、浪漫主義（romanticism）、啟蒙運動（Enlightenment）、民主體制（democratic institutions）、民權運動（civil rights movements）等等，孜孜地塑造了現代世界的精神面貌。

當然，塑造現代世界的另外兩股強大力量是工業革命和資本主義，我們會於下一節對它們進行探討。於此，讓我們先對上述的「第二次啟蒙」作出簡略的考察。

首先，人文主義是衝著歐洲中世紀的「神權統治」（theocracy）而被提出的。在神權社會中，人只是神的僕人甚至附屬品，而塵世只是我們透過「篤信和榮耀神」而過渡至天國和永生的一個驛站。文藝復興的人文主義者雖然無法公開否定上述的觀點，卻是逐步建立起一套「神本」以外的「人本」思想。在這套思想中，無論我們能否達於「永生」，我們都必須充份肯定「此生」的價值。而在此生中，人是一切道

德和價值的泉源、是想像和創造的主體。人的躍升不能依賴外在的恩寵和救贖，而必須依賴自身的努力和奮進。（這當然都是佛家和儒家所堅持的。）人的尊嚴、責任和抉擇乃是「人文精神」的核心。古希臘哲學家普羅塔哥拉斯（Protagoras）的名言「人是萬物的尺度」（Man is the measure of all things.），被賦予了新的活力和生命。

文藝復興使歐洲人重新認識古希臘文明的璀璨，而其中的民主實踐（即使只限於居住在雅典的男性成年公民，而不包括女性、外邦人和奴隸）更成為了十七世紀民主思想的啟蒙。

緊隨著人文主義思潮的，是驚天動地的科學革命，它可被視為古希臘理性主義探究精神開花結果的產物。說「驚天動地」可沒有半點誇張，因為開啟這一革命的，正是褫奪了大地作為宇宙中央位置的「地動說」（亦即「日心說」Heliocentric Theory）（1543）。「天界永恆不變」和「蒼穹完美無瑕」的固有觀念，逐步被一個多姿多采、變化多端（甚至激烈）的動態宇宙所取代，而人類所處的地球，只是浩瀚宇宙中無數天體中的其中一個。最先支持這種觀點的人是勇敢的。意大利科學家布魯諾（Giordano Bruno）就是因為宣揚被視為異端的這種「多元世界」理論（multiple worlds theory），於 1600 年被羅馬教廷活活燒死。

但通向真理之門一旦被打開便無法被關上。牛頓提出的萬有引力理論（1687），顯示規管著地上事物運動（如蘋果墜地）的自然規律，也同樣引領著天體的運行（如月球繞地和地球繞日），「天、地同理」以及人的認知竟然可以延伸天外，使人和自然界的關係由此晉升至一個嶄新的階段。爾後，達爾文建立的生物進化論（1859）更將人和其他生物

的隔閡打破，令人類徹底成為自然界中的一員。

必須指出的是，科學探求所帶來的不但是新的知識，更重要的，是它帶來了新的觀念。其中最珍貴的，是我們對自身的來源和本質的不斷深化的了解。

我們常常說，一個人必須「透過了解而成長」，其實對人類整體而言，情況何嘗不是一樣？從這個角度看，科學是一股「人性化」的力量而不是「非人化」的力量。科學對人類成長所作的貢獻，往往是後世一些人文學者所最為忽略的。（及後我們會看到，科學的「非人化」傾向主要來自科技的濫用。）

科學的構成大致可分為「科學精神」、「科學方法」和「科學知識」三大領域，但三者皆有所重疊並非截然劃分。簡言之，科學精神就是勇於求真，即「任何事情不弄個清楚明白誓不罷休」的態度。它背後的一個信念（嚴格來說是假設），是宇宙萬物是有秩序的，從而可以被我們的頭腦所理解。此外，所謂「知之為知之，不知為不知，是知也」，求真的人必須心懷謙虛，懂就是懂，不懂就是不懂；對就是對，錯就是錯，絕對不應文過飾非，也不應以人廢言。

而所謂科學方法，核心是一切應以事實為依歸、以邏輯為依歸。較具體來說，它是我們透過長期實踐所建立起來的一套方法：一種結合了

- 懷疑的態度與開放的胸襟（一種很奇怪的組合）、
- 理論和實踐、
- 歸納推理（inductive reasoning）和演繹推理（deductive reasoning）、

- 形象思維（graphical thinking）和抽象思維（abstract thinking）
  ……等的探究方法

生活在今天的我們，很難想像這種方法論創新（methodological innovation）的革命性質。但從那時起，所有訴諸鬼神、訴諸傳統、訴諸權威、訴諸直覺、訴諸無知、訴諸群眾等的方法，都不被接納為可靠知識的來源。

可以這樣說，「科學精神」和「科學方法」的建立，是「念模演化」上一光輝奪目的里程碑。

承接著人文主義和科學革命的是「浪漫主義」和「啟蒙運動」。前者要求我們尊重個人價值（以相對於「一切服膺於集體」）和個人的內在感受（以相對於傳統禮教的要求）；而後者則是集以上之大成，相信人類有能力以「真、善、美」戰勝「假、惡、醜」，並可透過不歇的努力（那怕過程如何曲折）在塵世（而非天國）締造人間的樂土。

綜合上述的發展，擺脫傳統禮教桎梏的「啟蒙運動」，無疑是人類心靈上一趟偉大的解放歷程。不錯，在摒棄傳統文化方面有些學者是走過了頭，以至出現了所謂「反啟蒙運動」（Counter-Enlightenment）的逆流。但總的來說，啟蒙運動所彰顯的價值已普遍為人類所接受。而在此基礎之上所發展出來的人權、自由、法治和民主的精神和制度，開啟了我們今天所認識的「現代世界」。如果我們把上一章所論及的「軸心時代」稱為人類的「第一次啟蒙」，則十七世紀末發源自歐洲的「啟蒙運動」便是人類的「第二次啟蒙」。

英國是開拓民主體制的先鋒。不錯，簽署於1215年的《大憲章》

（Magna Carter）只是封建貴族為了抗衡甚至是瓜分國王絕對權力的一次勝利，與平民百姓的關係不大。然而，由於這項勝利導致有一定實權的議會（parliament）確立，所以仍然是人類民主進程上一個重要的開端。

四百多年後，由新興的資產階級（bourgeoisie）所發動的「光榮革命」（Glorious Revolution, 1688），終於在「王權」之下為「民權」爭取了重要的席位。1689年通過的《權利法案》（Bill of Rights）訂明人民有以下不可被剝奪的民事與政治權利（civil and political rights）：

- 國王不得干涉法律；
- 和平時期未經議會同意國王不得維持常備軍；
- 沒有議會同意，國王不得徵稅；
- 人民有向國王請願的權利；
- 人民有配帶武器用以自衛的權利；
- 人民有選舉議會成員的權利；
- 國王不得干涉議會的言論自由；
- 人民有不遭受酷刑與非常懲罰的自由；
- 人民在未審判的情況下有不被課罰款的自由；國王必須定期召開國會會議

由這個劃時代的「君主立憲」運動開始，西方民主的發展經歷了以下的重大里程：

1. 英國哲學家洛克（John Locke）於十七世紀末發表《政府論》（Two Treatises of Government），鮮明地提出「天賦人權」（natural rights of men）的觀念；

2. 法國哲學家孟德斯鳩（Montesquieu）於十八世紀初建立「三權分立」（Trias Politica）的憲政理論；

3. 1776年美國獨立革命提出的《獨立宣言》（Declaration of Independence）、1789提出的美國憲法（US Constitution）、以及1791年通過的修訂案《美國權利法案》（American Bill of Rights）；

4. 1789至1799年間的法國大革命推翻帝制；

5. 1861至1865年間發生的美國「南、北戰爭」和黑奴解放運動；

6. 英國學者約翰．穆爾（Joh Stuart Mill）於1859年發表的《論自由》（*On Liberty*）；

7. 對國會議員及至國家最高領導人的「公民普選權」（universal suffrage）的不斷擴充（特別是包括女性）和落實。

上述的每一項發展當然都有它的歷史局限性，但我們最珍視的，卻是在這些局限性中所展現的（當然也是相對的）超越性。我們只需看看《美國獨立宣言》開篇的幾句，便知這是如何震古鑠今的偉大思想：

「我們認為以下這些真理是不言而喻的：造物者創造了生而平等的人，並賦予他們若干不可剝奪的權利，其中包括生命權、自由權和追求幸福的權利。為了保障這些權利，人們才於他們之間建立政府，而政府之正當權力，則來自被統治者的同意。任何形式的政府，只要破壞上述的目的，人民便有權改變或廢除它，並建立新的政府。」

最先接受「憲政民主」理念並付諸實踐的非西方國家，是幕府時代的日本。由1868年至十九世紀末的「明治維新」運動，成功地把日本

由一個傳統的「國家」（人類學家塞維奇所描述的人類政治組織第四階段），轉型為一個現代型的民族主義憲政國家（a modern nation-state）。

留意在上述的轉型中，無論舊有的皇室是否得到保留（如英國、日本、泰國、西班牙和一些北歐國家等）抑或被徹底廢除（如法國、中國、俄國、土耳其等），延續了數千年的世襲帝制作為一種政治實體已經一去不返。無論是英王、日皇或泰王，都是沒有實權的象徵式人物。人類的政治組織（抽象一點說是人類的「我、群關係」）進入了一個嶄新的階段。

然而，我們亦必須指出，國家內的民主進步，未能減少國際間的激烈競爭。較具體而言，「帝國資本主義」邏輯下的全球領土和資源爭奪，並沒有因為國內的民主化而有所緩和。荷蘭、西班牙、英國等海上霸權的激烈軍事衝突不用說，不少處於二十世紀伊始的有識之士，皆以為人類（在大英帝國榮光的照耀下）將會迎來文明和進步的新紀元，但新世紀帶來的，卻是兩次生靈塗炭的世界大戰（以及足以毀滅全人類的核子武器）。這些發展大大蒙垢了「啟蒙運動」的光采，並打擊了人們對於建設美好將來的信心。

二戰後，聯合國在美國的領導之下成立。有鑒於戰爭中人性沉淪的慘痛教訓，聯合國大會於1948年通過了《世界人權宣言》。這是第一份在全球範圍內表述所有人都應該享有的權利的重要文件。1966年，大會再制訂了《經濟、社會及文化權利國際公約》和《公民權利和政治權利國際公約》，進一步彰顯了公民的權利。無論如何地陽奉陰違，今天世界上幾乎所有國家都是這兩條公約的締約國，表示公約的內容已

經成為了今天的「普世價值」(universal values) 或現代文明的「核心價值」(core values)。

扼要而言，這些價值包括：

- 人權：人身自由、私有產權和私隱權的保障；沒有法院頒報的搜查令，公職人員不得進入民居搜查；沒有逮捕令不得任意逮捕；不可進行嚴刑迫供等；
- 法治：行政、立法與司法要各自獨立；法律面前人人平等；
- 憲政自由：言論自由、出版自由、結社集會的自由、遊行示威的自由；
- 信仰自由：任何人皆可以選擇信仰任何宗教；
- 政治參與權利：參與政治活動的權利；成立政黨和參選的權利；
- 憲政民主：直接民主（如公投）及代議政制民主；不分種族、宗教、性別、政治取向和性取向的公民普選權（包括在監獄服刑的人）

誠然，民主制度從來都有它的批評者。注重效率的人批評它欠缺效率、喜愛秩序的人批評它充滿混亂、堅持精英主義的人批評它受民粹主義騎劫⋯⋯但世上沒有完美的事物，邱吉爾的名言是：「如果不是與人類過去曾經試行的種種制度相比，民主就是世上最糟糕的制度。」筆者喜歡將它簡化為：「如果沒有了專制，民主就是世上最糟糕的東西。」

支持民主的最主要原因，是它能夠做到有秩序而不流血的權力轉移、較有效地體現人民的集體意志和訴求、讓人民對政府的運作進行

監督和批評、令重大的政策失誤得以及時改正、令人民對不濟或腐敗的領導層進行撤換、以及較有效地平衡社會各階層的利益，特別是保障弱勢社群的權益等。

在筆者看來，民主精神和有關的制度建設，是人類文明進步（念模演化）中值得一再謳歌的一項偉大成就。

民國時期，中國不少知識分子提出要把「德先生」（Democracy）和「賽先生」（Science）邀請到中國。在大部分人的眼中，德先生和賽先生屬於兩個不同的領域。但如果我們回顧上述的討論，便知兩者實有重大的契合之處。「科學精神」講求的是獨立、自由的思考；懷疑、批判的頭腦；開放，兼容的胸襟。一個從事科學探求的人，必須尊重事實、尊重理性，也應該尊重別人的意見，敢於接受批評，還必須擁有承認錯誤和不斷自我改正的勇氣。然而，各位只要想一想即會發覺，上述的品質，不也正是反對「專橫、獨斷」和堅持「開放、兼容」的「民主精神」的真締嗎？

民主可以當飯吃嗎？這個問題看似無聊，但網上一道回應的帖文卻很有意思：「民主不能當飯吃，但民主能確保你食的飯沒有毒；即使有毒，民主能確保你或你親人中毒後，你可以追討；就算追討不了，也至少能確保你不會因為要討回公道而遭毒打、被控『尋釁滋事』罪、坐冤獄甚至『被自殺』。」

不少西方人（特別是美國人）都有一個迷思，就是非西方人普遍抗拒民主，而全球的「反西方」浪潮，主要因為西方人要把民主制度強加諸他們身上。美藉華裔女作家蔡美兒（Amy Chua）在2002年出版

的《著了火的世界 —— 輸出自由市場民主制度如何衍生種族仇恨和世界動盪》（*World on Fire - How Exporting Free Market Democracy Breeds Ethnic Hatred and Global Stability*）就是一個典型的例子。這當然是一種嚴重有違事實的論述。事實是，在上世紀民族解放運動之後，眾多的新興國家都擁抱源於西方的自由民主制度，但在「新殖民主義」和全球「美國霸權」（American hegemony）的現實下，這些民主制度都敵不過「親美」還是「反美」的邏輯。

　　細讀二戰後的歷史，我們自會發現，有多少奉行民主但不夠「親美」的國家（定義之一在於是否願意讓國家的資源和產業繼續由西方的跨國企業主宰）被美國推翻（透過中央情報局暗裡策動的政變甚至赤裸裸的軍事侵略），而又有多少專制獨裁但「親美」的政權被美國扶植和全力支撐。（前者的典型例子是智利，後者則是沙地阿拉伯。）在二戰後的頭數十年，這還可以用「冷戰邏輯」來加以辯解，但「冷戰」結束至今已經三十年，這個解釋已不管用。一個較為近期的事例，是 2011 年春天所爆發的「茉莉花革命」（又稱「阿拉伯之春」）。當年無數人對此都歡欣雀躍，以為「民主」終於可以在阿拉伯世界開花結果。但事實證明，人民對民主自由的渴求，敵不過「親美還是反美」的邏輯，以及美國的「維穩」需要。（埃及的民選總統穆爾西被美國支持的軍人推翻便是一例。）

　　簡言之，全球的「反美」（及「反西方」）浪潮，並非源於其他民族

在精神上「抗拒民主」，而是源於歐美在實質上的霸權欺凌。但由於後者難於向國民交代，西方的政府和傳媒遂樂於延續「非西方民族在文化傳統、宗教信仰、精神氣質甚至基因結構」上皆與「西方價值」格格不入這個神話。而最不幸的是，這個神話也反過來被發展中國家中的獨裁者和專制政權所利用。於是，「西方式民主不符合國情」、「西方式民主是一個虛偽的騙局」、「民主制度只會帶來混亂」這種言論被不斷散播，以至很多國民都深信不移。

正如佛陀的智慧不獨限於印度、孔子的理想不獨限於中國，由啟蒙運動所建立的人權、自由、法治、民主等價值，也不獨限於西方，而是經已成為了普世的核心價值。一些國家的「講一套、做一套」並沒有改變這個事實。

孟子說：「民為貴，社稷次之，君為輕」，已經透露出珍貴的民主精神，然而他也說過「勞心者治人，勞力者治於人」，中間是否有矛盾呢？不錯，後一句話固然可以被理解為當時的貴族封建制度辯護，但從宏觀的歷史角度看，這只是對現實的一種客觀描述。任何群居動物的群落都有首領，因為沒有首領的群落很快便會在群際的生存競爭中被淘汰。提升到人類的層面，在任何社群中，也確實有一些人熱衷於做領導者，而另一些人（往往佔大多數）甘心於做追隨者。領導者在很多事情上都要多費心思，所以是「勞心者」；追隨者把很多事情都負託給領導者而不用多費思量，而把精力用於謀取生計，所以可被看成為「勞力者」。大部分人對這種分工其實是欣然接受的。問題的關鍵，是領導者是如何產生的（世襲、禪讓、協商、選舉……）？以及我們對於

自私、專橫或不濟的領導者（或由賢君蛻變而成的暴君）可以怎麼樣？而民主制度，就是回應這些問題的實踐成果。

不錯，一個國家徒有民主制度而沒有民主精神的話，民主便無法真正生根苗長，甚至很易出現倒退。也就是說，一個國家要發展民主，國民的教育和制度上的建設同樣重要，而且缺一不可。但永遠以「國民的質素太低」而抗拒甚至打壓民主是不可接受的。「民主化」（democratization）是一個曲折的過程，沒有一蹴即就的靈丹妙藥，我們要做的，是一步一步踏實的推進和發揚民主，而不是講一套、做一套。其中的一個試金石，是政府有沒有全力保障政治上的言論自由，以及有沒有促進有廣泛人民參與的「公共空間」（public sphere）和「公民社會」（civil society）的蓬勃發展。按照哲學家波柏（Karl Popper）的說法，就是有沒有努力建設一個「開放型社會」（open society）。

事實上，民主是一個永不完結的實驗，因為隨著社會不斷進展（如「大數據」時代的個人私隱被蠶蝕），民主制度也要不斷作出調整和適應。

今天，無論在新興國家還是「老牌」的民主國家，民主制度皆面對前所未有的嚴峻挑戰。要探討「人類處境」的未來，「民主的未來」是一個不可迴避的重大課題。

2.3 ▶ 工業革命
和資本主義的崛興

　　如果説啟蒙運動導致人類思想的解放，那麼工業革命（Industrial Revolution）和資本主義（capitalism）的崛起則導致了人類生產力的驚人釋放。

　　蒸氣機、紡織機、機械車床、火車、輪船、電報、汽車、飛機、電氣化、電子化、化學合成（特別是化學肥料和塑料）、工廠制度、裝配線、自動化、電腦化、農業機械化、互聯網⋯⋯這些發展大大提升了人類的生產力，令到（一）從事糧食生產（「第一產業」，也包括林業和礦業）的人口比例迅速減少，而從事工業（「第二產業」，主要為製造業）和各種服務行業（第三產業）的人口比例迅速增加、（二）日常生活的物質條件（如自來水、抽水馬桶、煮食設施、副食品供應、照明、空氣調節、交通運輸等）以及文化條件（教育、出版、文學、音樂、戲劇、電影、體育運動、娛樂消閒等）得以大幅提升，以及（三）衛生環境和醫學的突飛猛進令人類的平均壽命不斷延長。

　　留意工業革命很大程度上是一個「能源革命」。在以往，除了他自己的體力和動物的體力之外，人類所能運用的能源主要是柴薪的燃燒。不錯，人類使用煤這種化石燃料已有數千年的歷史，但它大幅改變人類文明的面貌，還有待蒸氣機的發明、改良和大量使用。英國在這方面可説得天獨厚，因為她有大量極易開採的淺層煤礦。要知這是

億萬年來儲存起來的巨大能量（源頭是太陽能）。透過了這些能量的釋放，英國的生產力（包括改造自然的力量）突飛猛進，成為了「工業革命」的先鋒。

嚴格來說，如果以「追求利潤」（而不是簡單維生）的經濟活動作為定義，資本主義的發展實較工業革命早得多。以商貿活動創造利潤的我們稱為「商貿資本主義」（mercantile capitalism）、以放貸來「創造」利潤的我們叫「金融資本主義」（financial capitalism）、以土地和農作物買賣創造利潤的我們叫「農業資本主義」（agrarian capitalism）。但在以往，這些活動只佔人類經濟活動的一小部分。工業革命徹底改變了這種狀況。「工業資本主義」（industrial capitalism）的崛起，令資本主義成為了主導人類生活模式的制度。它所帶來的巨大改變包括：

- 世界人口急速上升。過去二百年的軌跡是：1804年突破10億大關、1927年翻一番達20億、⋯⋯至2000年超越60億、及至筆者執筆時（2019年）達於77億；

- 居住在農村和城市的人口比例不斷此消彼長，以至到了公元2000年，聯合國公布就全球而言，這個「城鄉人口比例」已剛剛達到1:1；在不少工業先進國家，都市化（urbanization）的比例更早便達至80%或更高（即每10個人就有8個或更多住在城市）；

- 隨著都市化的急速步伐，農業社會中大致上自足的經濟（self-sufficient economy）迅速萎縮，而必須依賴無間斷的交易（短、中、長程的貿易）而獲得生活基本所需的市場經濟（market economy）則急速膨脹。基本上，人類的社會已經變成了一個「市場社會」（market society）。我們在上一章看過，絕大部分非西方民族的「自足經濟」都因為數百年的殖民侵略而被摧毀；但即使在西方，歐洲眾多國家也因為高度的區域分工（regional division of labour）而必須依賴貿易才能生存。不用說，這種「相互依存」（inter-dependence）的情況到了不斷標榜「全球化」（globalization）的今天是變本加厲。一千四百年前，中國的唐朝不會跟波斯發生貿易戰；而即使發生了也只會影響極少數人（因為貿易的都是奢侈品）。但在今天，中國和美國的「貿易戰」是世界頭等大事。另一方面，以往在朝廷當官的人在辭官後多會「告老還鄉」；而大部分人在戰亂時則可「回鄉避難」，這都是因為「鄉」乃是一個自足經濟體系。隨著自足經濟的消失，這些情況很大程度上已經成為歷史陳跡。

與「自足經濟」密切相關的是「自主勞動」（self-directed labour）。在數千年的文明歷史中，絕大部分人都是「自主勞動者」亦即從事「自僱勞動」（self-employed labour）。但自從工業化和資本主義的崛興之後，愈來愈多人因為失去土地（「圈地運動」，見下文）或受到城市的吸引（「出城打工」的誘惑）而變成了受僱勞動者（employed labourer)，亦稱為「工資勞動者」（wage-labourer）。也就是説，這些人必須以勞力換取工資再在市場上購買生活所需（包括基本的居所和食物）。留意在人類文明的 95% 時間裡，這種情況屬於極少數的「例外」，只是在最近 5% 左右的時間裡（約二、三百年），這種情況才變成了我們視為理所當然的「常規」。於是，「沒有食物會餓死」變成「沒有工作會餓死」。大部分人都忘卻了，「失業」（unemployment）和經濟衰退時的「人浮於事」是現代文明的獨特產物。我們更忘了，「我需要一份工作！」（I need a job!）是多麼荒謬的一回事（人類數百萬年來從不缺乏工作，卻從不「需要一份工作」）。事實當然是，我們真正需要的不是「一份工作」而是「一份工資」。這是「人的處境」的一個極其重大的轉折。

上述的發展已經把我們帶到資本主義在「人的處境」和「人類前途」中所扮演的關鍵角色。就筆者看來，歷來探討上述兩個「大哉問」的書籍著實不少（較近年的有以色列歷史學家哈拉瑞（Yuval Noah Harari）所寫的暢銷書《人類大歷史》（2011）和《人類大未來》（2015）），但由於它們皆沒有充份考慮到資本主義所起的關鍵作用，所以大都有不著邊際和無的放矢的感覺。

要了解資本主義，首要理解「利潤」（profit）的本質。一些人以為利潤是市場經濟的必然產物，這是錯的。以「互通有無」和豐富各自生活為基礎的「以物易物」行為（truck and barter），相信在人類很早期的歷史中便已出現。但在面對面的、即時的、直接的市場交換中，這種

「你情我願」的「等價交換」無法創造出「利潤」。即使在貨幣這種「交換媒介」出現之後，這種情況也沒有本質上的改變。可是，這種「沒有利潤的交易」（trading without profits）卻大大地豐富了人們的生活。

利潤的首次出現，來自經「商旅」（traders）所進行的「長程貿易」（long-distance trade）。由於古代資訊不發達，商旅往往可以「低買高賣」，而在扣除一切成本之後，仍然可以獲得頗為豐厚的盈餘，這種盈餘我們稱之為「利潤」。當然，長程貿易是有風險的，所以利潤也可被看成為承擔風險的一種回報。但無可否認的事實是，由於利潤的不斷累積，「米商一般比米農富有得多」成為了繼「沒有金錢會餓死」的另一因著文明所產生的「反直觀社會現實」（counter-intuitive social reality）。（另一個則是經濟學中著名的「為何鑽石比水昂貴？」弔詭，因為沒有了鑽石我們不會死，但沒有了水則我們不能生存⋯⋯）

利潤的第二次出現是「有息貸款」（interest-carrying loans）。在這兒，利潤也可被看成為遭遇「撇帳」而血本無歸的風險。但事實卻是，放貸的人往往變得肚滿腸肥極度富裕。不過，直至資本主義的興起，大部分民族都認為「有息貸款」（特別是「高利貸」usury）是一種不道德的行為而予以強烈譴責，並把放債人看成為不事生產的「社會寄生蟲」。例如羅馬教廷便曾嚴禁有息貸款，而原則上，伊斯蘭教直至今天仍然禁止借貸以收息。

利潤的第三種體現形式是透過「市場手段」以「對別人額外勞動成果的制度性無償佔有」。留意「市場手段」在此是關鍵，因為傳統的奴隸制度也是「對別人額外勞動成果的制度性無償佔有」，但由於它是透

過赤裸裸的暴力手段而非市場手段，所以我們不會把佔有所得稱為「利潤」。

最後的這一種利潤來源，便把我們帶到「工業資本主義」制度的本質之上。直至今天，仍然有很多人以為「資本主義」只是「自由市場經濟」（free market economy）的代名詞，這當然大錯特錯。且聽歷史學家布羅岱爾（Fernard Braudel, 1902-1985）怎麼説：「市場交易有兩大類：一類是普通的、富競爭性的、幾乎透明的；另一類則是高級的、複雜周密、具有支配和壟斷性質的。兩類活動的機制不同，約束的因素也不同。資本主義的領域包含的不是第一類活動，而是第二類活動。」

進一步的研究顯示，作為過去二、三百年的宰制性經濟制度，資本主義乃由以下三大部分所構成：

1. 社會上絕大部分的「生產資源」（means of production）如土地、廠房、機器、資金等，都只是掌握在極少數人的手上，這些人我們稱為「資本家」（capitalists）；

2. 社會上99.9% 的其他人，都是沒有任何生產資源的「無產者」（proletariat）；

3. 所有人的生活所需（無論是必需品還是奢侈品）都必須透過以貨幣（金錢）進行的「市場交易」（market exchange）來獲取。

4. 其中最重要也最獨特的一個市場，就是「無產者」向「資本家」競相販賣其勞動力的「勞動力市場」（labour

66

market）。因為只有透過「受僱勞動」（無論在「藍領」還是「白領」行業）所獲取的工資，人們才可獲得進行市場交易所需的金錢。

在這四大基礎之上，一個社會的經濟有多蓬勃，端視乎資本家的「投資水平」（investment level），而這個水平則決定於「投資回報」（return on investment），亦即「利潤率」（profit rate）的高低。簡單的邏輯是，如果利潤率低於銀行的利息（嚴格來說是「存、貸利息差」），則資本家不如把錢放在銀行收息好了。

很明顯，投資水平高，則「百業昌盛」則勞動力需求高則「就業水平」（employment level）高則人民的「消費水平」（consumption level）高則百業更為昌盛，這是一個良性循環。相反，投資水平低，則「百業蕭條」則勞動力需求低則「就業水平」低則人民的「消費水平」低則百業更為蕭條，這是一個惡性循環。不用說，任何政府都會竭力維持良性循環而極力避免墮進惡性循環之中，之所以政府的一大任務是極力「創造良好的營商環境」以吸引投資。

但我們可能會問：人類的社會為什麼會變成這個樣子？馬克斯（Karl Marx, 1818-1883）是第一個認真地提出這個疑問的人。經過了深入的研究和思考，他認為答案至少包括了以下的部分：（一）自哥倫布以降的全球殖民掠奪和剝削帶來的「原始資本累積」（primitive capital accumulation），令西方人成為了第一批雄視全球的資本家。（二）在國內（如十六至十九世紀的英國），不斷將農民驅離土地（expropriation）的「圈地運動」（Enclosure Movement），一方面為資本家帶來了更巨大的財富（因為土地就是財富），另一方面則製造了大量的「無產者」。

而大量手工業者（artisans and craftsmen）亦因為大企業的打壓而結業，最後也加入了「無產階級」的行列。（三）經歷了殘酷的「無產化」（proletarianization）過程之後，大量的無產者只能夠靠出賣自己的勞動力而換取工資以維持生計。「勞動力商品化／市場化」（commodification/marketization of labour）成為了資本主義制度的基石。

對於「原始資本累積」，馬克斯這樣說：「如果說金錢來到世間時臉頰上帶著血跡，那麼資本來到世間，便從頭到腳及至每個毛孔都滴著鮮血和齷齪的東西。」（大家若想更深入了解資本主義起源的歷史，可參閱拙著《資本的衝動──世界深層矛盾根源》（2014）。）

按照馬克斯的分析，資本家給予工人的工資，必然少於工人透過勞動所創造的價值。也就是說，資本家所獲得的「利潤」，其實來自對「工人額外勞動成果的制度性無償佔有」，這種「額外勞動成果」，他稱為「剩餘價值」（surplus value）。在人類歷史上，這是「利潤」的第三次起源。

馬克斯復指出，資本家之間的激烈競爭必然會令社會上的工資水平被壓縮至最低的「維生水平」（subsistence level），而「工人階級」（working class）和「資產階級」（bourgeois）之間的利益對立是無可避免的。

大家可能會問，我們有興趣的是人類的前途，為什麼要如此詳盡（實質是極其扼要）地講述「利潤的起源」和資本主義制度的運作模式呢？答案在於，利潤的追逐和資本的累積（capital accumulation）與人類的前途有著莫大的關係，我在下一章會詳加解釋。

現在讓我們看看馬克斯另一項重要的洞悉，那便是當絕大部分人由「自主勞動」轉為被監控的「受僱勞動」之後，他們與「勞動成果」之間的親密關係會被「割離」，他們對工作的熱情將會因此大減，對自我的形象和自身價值的肯定也會下降。哲學家漢娜‧阿倫特（Hannah Arendt, 1906-1975）深刻地指出：「人透過了工作體現自己。」的確，無論出於生活需要還是超越生活的需要（例如製造一張嬰兒床還是在屋前種花以作觀賞），當勞動的人和他的勞動成果之間存在著直接的關係，勞動（工作）會為他帶來很大的滿足感、成功感和自豪感。相反，當一個人只是為了工資而成為了大工廠裡重複著同一動作的「小小螺絲帽」（差利‧卓別靈在電影《城市之光》（City Lights, 1931）中所演繹的經典場面），而且一舉一動都日夜受到監控時，他便很易會出現枯燥、沉悶、冷漠、麻木、孤獨、空虛、焦慮、抗拒、憤懣……等感覺。馬克斯把這個情況稱為人的「割離」或「異化」（alienation）。

馬克斯的政治經濟學受到了西方主流經濟學的極力拒斥，但他的「異化」理論則受到了社會學家和心理學家的高度重視。社會學家韋伯（Max Weber, 1864-1920）便把這種分析延伸至充斥社會各處的「科層化制度」（bureaucracy，今天又稱為「管理主義文化」），指出在狹隘的「工具理性」（instrumental rationality）驅使之下，一切都講求「指標」、講求「效率」，結果是人類喪失了他的主觀能動性、生活熱情和冒險精神，最後被困於現代文明的「鐵籠」（Iron Cage）之內而無法逃脫。「存在主義」（existentialism）思潮在二十世紀的出現，正是被困的人性奮力掙扎時併發出的吶喊。

這當然是一個巨大的弔詭，由科學革命和啟蒙運動所開啟的現代社會（modern society），原本將人類從傳統社會（traditional society）的桎梏中解放出來。這些桎梏包括：愚昧迷信、封建禮教、宗族血緣的「人身依附關係」、世襲帝制、男尊女卑、地域主義、因循守舊、以及狹隘偏頗的「小農思想」等。民國時期作家巴金所寫的《家》、《春》、《秋》三部曲正是對這種解放的歌頌。（馬克斯對這種解放也是充份肯定的。）但基於工業革命和資本主義的現代社會，卻導致了「異化」和「鐵籠」的出現。人類似乎是「前門拒虎，後門進狼」，向前走了三步卻又後退了兩步。

　　過去數十年，思想界出現了「現代性」（modernity）和「後現代性」（post-modernity）的爭論，具體一點說，是「後現代思潮對現代性的批評」（The post-modern critique of modernity）。思想家哈伯馬斯（Jurgen Habermas）認為「現代精神病了」（Modernity is sick.），但另一位思想家德希達（Jacques Derrida）則認為「現代性從一開始便是個騙局！」（Modernity is a sham from the start!）在這場大辯論中，還出現了所謂「科學論戰」（Science Wars）和「文化論戰」（Culture Wars）等風波。雖然其間確實涉及一些根本哲理如「認識論」、「本體論」和「存在主義」的爭議，但以筆者之見，歸根究底，資本主義下的「工具理性」和「人的異化」是問題的最終源頭。

　　至此，我們終於完成了自文明興起到上世紀初的極扼要歷史考察，在下一章，我們會看看過去一個多世紀的世界發展，將如何影響人類未來的演變，甚至決定人類是否還有前途⋯⋯

人類當前處境（之一）：二十世紀大轉折

3.1 人類歷史的 轉捩點

　　林肯說過:「如果我們知道自己的處境,並知道事物正朝那個方向發展,我們便可以更好地決定自己要做些什麼,以及應該怎樣去做。」

　　每一個時代的人,都會覺得自己身處的時代是獨一無二、最特殊和最重要的。從邏輯上看,「獨一無二」必然是對的,所以不用爭辯(因為每一刻都是獨一無二的),但在熟悉歷史的人看來,所謂「最特殊和最重要」,顯然是一種「現在中心論」的偏見,這便等於我們每一個人都當然地覺得自己是「最特殊、重要」的「自我中心論」一樣,是不值一哂的。

　　筆者當然明白這種「偏見」的幼稚性質,但我如今卻不避忌諱不懼嘲笑,要在此提出「人類此刻正處於歷史上一個重大轉捩點」這個每一代人都不斷重複的老掉牙觀點。我之所以這樣做,是因為我擁有大量強而有力的理據。以下我邀請大家來仔細審視這些理據,然後作出你自己的判斷。

　　雖然世紀之為物,純粹是人為的劃分,但為了方便起見,我還是想大家從二十世紀之內(及至今)所出現的變化出發(留意嚴格來說二十世紀乃由1901年的元旦至2000年的大除夕,但筆者將隨俗用「1900-2000」作劃分)。

　　二十世紀有多不平凡?讓我們列出其間一些重大的發展(一些在上一章已有提及,也有不少是之前未提過的):

1. 世界人口在1900至2000的一百年內增加了3.7倍（由16億增至60億）；按照聯合國的估算，至2019年4月，全球人口已達77億之數；一個驚人的事實是，二十世紀初至今在地球上存在過的人類，已經遠遠大於之前數百萬年在地球上存在過的人類數目總和；

2. 人類的平均壽命大幅延長，由1900年的不足40歲增加至今天的近75歲；在嬰兒夭折率方面（定義為未滿一歲便離世），則由1900年的每一千個嬰兒達二百多個，到今天的每一千個嬰兒不足7個；從減低人類痛苦的角度看（想想每一個夭折嬰兒為父母所帶來的痛苦），這是一個極其巨大的成就；

3. 在佛陀慨歎的「生、老、病、死」自然規律中，「至病」、「至死」的一大源頭是傳染病。隨著抗生素的發現（1928）和抗病毒藥物的發展，千百年來折磨著人類的眾多可怕疾病如霍亂、天花、虐疾、肺結核、傷寒、痢疾、麻瘋、白喉、黃熱、梅毒、淋病等皆一一被控制。從減低人類痛苦的角度看，這也當然是一個巨大的成就。（而這正是人類平均壽命得以大幅提升的一個主因）；此外，麻醉技術的發達，亦大大減低了病人在進行手術時所受的痛楚；

4. 在都市化方面，1900年的比例是16%；2000年剛好達至50%；而今天（2019）已達至55%；人類在過去百多年已從一個「農村人」變成一個「都市人」；與此相隨的，是家庭成員數目的大幅下降，只有三、四個成員的「核心家庭」成為了都市中的常規；

5. 口服避孕藥的發明，以及後來男性避孕套的普及，令人類首次

能夠輕易控制自身數目的增長，這在人類演化史上無疑是頭等的大事。結合了上述的夭折率下降和對疾病的控制，不少國家都經歷了「高出生率、高死亡率」→「高出生率、低死亡率」（人口爆炸）→「低出生率、低死亡率」的「人口過渡」（demographic transition）階段。過去百多年的一大弔詭是，人類的整體數目大幅上升，但發達國家裡的出生率卻不斷下降，結果是「老齡化」成為這些國家共同面對的嚴重問題；一個解決辦法是依賴外來移民以補充人口，但這亦帶來不少社會問題；

6. 在識字率（literacy）方面，1900年的全球文盲率大約是 80%，但到了2000年則降至不足 20% 左右，亦即識字率在一百年內跳升了4倍多；

7. 自十九世紀由化石燃料開啟的「能源革命」在二十世紀加速進行。這一百年間人口急增了 3.7倍，但較此增長更厲害的是能源消耗量，增幅是21倍多。而其中的石油開採從二十世紀初的近乎零，到今天已超過地球總蘊藏量的50%（即剩下來的藏量不足原來蘊藏量的50%）；顯然，現代文明是建築在大量高度濃縮（億萬年的太陽能儲存）因此也極廉宜的能源之上。但這些能源是有限的。我們就像一個揮霍無度的「富二代」，把家族（地球）多年來累積的財富於短短數十年便花掉……；

8. 全球森林覆蓋率下降了近20%；

9. 單是在二十世紀，全球消失的物種估計超過500種（以較為大型的生物計；如果包括眾多未被發現的微小生物，一些科學家的估計是接近一萬種）；

10. 大型野生生物的數量減少了近80%；

11. 與此同時，人類飼養的牲畜數目空前暴脹，至今已達700億頭，亦即較人類的數目大9倍多（而大部分都是在極不人道的惡劣環境下催谷飼養的）；

12. 工業生產和交通運輸所做成的空氣污染，令大量的人因呼吸系統和心血管病提早死亡；人類聚居地方的能見度普遍下降，加上燈光的影響，令大部分人首次與璀璨的夜空隔絕；而因此做成的大氣層整體透明度下降，科學家稱之為「全球暗化」（Global Dimming）；二十世紀四十至七十年代的全球溫度輕微下降，相信與此現象有關；

13. 化學合成技術創造出無數自然界從來未出現過的材料，其中最大的一個類別是塑料（又稱塑膠）。由於這些物料無法於短期內在自然界分解，它們的積累引起了嚴重的環境污染問題；此外，科學家的研究亦發現，居住在大城市的人，其血液和尿液裡，往往包含著數十至過百種不應存在的化學合成物質（以及各種重金屬）；

14. 由於農耕面積的大幅提升（1860-1960年間暴增近三倍）、化學肥料的大量使用、新品種的培育、大型的水利灌溉和農業機械化等發展，全球的糧食生產大幅上升（二十世紀中葉的「綠色革命」），以至即使世界人口激增，馬爾薩斯（Thomas Malthus）在《人口論》（1789）中所預言的大饑荒（作為人類永遠擺脫不了的詛咒）並沒有出現；

15. 爆發了人類歷史上規模最大的戰爭（第二次世界大戰），死亡人

數達八千萬人；但戰爭過後，則成立了一個包括了地球上所有國家的合作組織「聯合國」並維持至今（超過70年）；

16. 世界上國家的數目，由1900年的不足一百個（因為很多都是西方列強的殖民地）增加至2000年的超過二百個，這樣急速和大幅的增加在人類歷史上是空前的，史學家因此把二十世紀下半葉稱為「民族主義大時代」；

17. 在短短一百年內，人類先後進入了電氣化、電子化、電腦化和互聯網的世代；電的使用是人類駕馭物質世界的分水嶺，如果沒有了電，現代文明所依賴的電燈、無線電、電唱機、電影、電話、電視、冷凍技術、空氣調節、激光、電腦、互聯網以及無數醫療儀器將會立即消失；「電子化」的里程碑是半導體（semi-conductor）的發明（1947）；

18. 人類首次釋放了原子內部的巨大能量，從而掌握了足以令人類自我毀滅的核子武器；

19. 汽車的普及大大促進了人的交往，也改變了人類聚居的形式（其中包括「城郊蔓延」——— sub-urban sprawl ———的現象）；

20. 飛機的發明和普及，令人類征服了天空並大大打破地理的阻隔；但另一方面，也將戰爭中的殺戮大大延伸至「非戰鬥員區域」（non-combatant zone）；

21. 人類首次進入太空，並首次踏足地球以外的另一個天體：月球；人類發射的無人探測飛船，更已衝出了太陽系在星際空間飛騁；

22. 旅遊業的急速發展，令一般平民百姓（當然只限於較富裕國家

的人民）也能夠遊覽異國風光和踏足地球上眾多遙遠甚至荒蕪的地方（包括珠穆朗瑪峰和南極），這在他們的祖父母輩（及之前數百萬年的祖先）看來，是完全不可想像的；

23. 人類發現了「宇宙膨脹」(expansion of the universe) 的驚人事實，並首次對「宇宙起源之謎」獲得堅實可靠（而不是神話式）的認識；更為意義重大的，是沿著達爾文的步伐和無數古人類學家的挖掘和分子生物學家的研究，人類認識到自己在生物界中的位置，並對自身的起源（包括文明和道德觀念的起源）有了概略的了解；

24. 由 X 光（X-ray）開啟的人體透視攝影技術、抗生素的發現、微創手術的發展……等等創造了一場醫學革命；人工授孕、器官移植、無性複製、幹細胞技術、基因工程、精神科藥物發展等，已經超越了科幻小說《美麗新世界》（*Brave New World*, 1932）中的臆測；

25. 上述革命的一大功臣，是「基因」(gene) 的發現和遺傳學 (genetics) 的建立（二十世紀初），以及遺傳密碼 DNA 的破解（1953 年），從而解開了「種瓜得瓜、種豆得豆」這個千古之謎。透過了對人類和其他生物「基因圖譜」(genome) 的解讀，以及基因工程技術 (genetic engineering) 的發展，人類首次可以在遺傳的層面對各種生物及至自身進行種種的改造，亦因此引發起巨大的倫理爭議；

26. 上述提到的方便和廉宜的避孕方法，不但令人類可以有效地控制自我的繁殖，更因為抗生素對性病的有效控制，共同帶來了

「性解放」和「性革命」浪潮，大大地改變了人類的性行為模式（其中特別是婚前性行為在較開放的社會已廣被接受）；但另一方面，雖然離婚變得十分普遍，但婚姻制度並沒有如一些學者所預言地消失；

27. 婦女解放和女權運動的推展，令女性的社會地位大幅提升，其中最重要的，是女性在各國逐步爭取得普選中的投票權（英國是1918年、美國是1920年、法國是1944年、中國和印度是1947年、伊朗是1963年、沙地阿拉伯是2015年……），從而實現了人類最基本的政治權利平等；

28. 在宗教方面，一方面信奉宗教的人數（及在人口中的比例）並沒有如二十世紀初的一些學者（如羅素）所預測的大幅下降（2012年的一項統計指出，全球信奉基督教（包括天主教和東正教）的有24億人、信奉回教的有 18億、印度教有11.5 億）；但另一方面，「世俗化」（secularisation）成為了人類社會的主調，而宗教在人類日常生活中扮演的角色愈來愈淡薄；

29. 電腦的發明，令人類的智力活動得以大幅的擴展，也令不少腦力勞動和體力勞動（後者透過工業機械人）由機器所取代；而資訊的儲存密度的大幅提升，令到整部《大英百科全書》可以儲存在一個針尖之上；

30. 雖然最早的報刊在十七世紀的歐洲已經出現，但透過報刊雜誌而出現的「社會輿論」（public opinion），則要到十九世紀末才開始形成。隨著電影、電台廣播、電視等的出現和普及，「大

眾傳媒」(mass media) 已被看成為「行政、立法、司法」這「三權」之外的「第四權」，是現代文明的一大基石。此外，多元和善變的「大眾/流行文化」(mass / pop culture，其中一大部分是商業廣告) 大大掩蓋了單純而變化緩慢的傳統「民間文化」(folk culture)；

31. 互聯網的出現，令資訊的傳播 (透過人工智能搜尋如「谷哥」搜索引擎和好像《維基百科》等網站)、人與人間的溝通 (透過各種社交網絡平台) 以及政府和企業對大眾的監察 (透過大數據的收集和分析) 提升到一個嶄新的水平；

32. 全球經濟一體化令所有國家都高度相互依存 (inter-dependent)，但資本主義全球化 (globalized capitalism) 卻也令她們之間出現激烈的競爭 (對廉價原材料、廉價勞動力、以及龐大消費市場的全球競爭)；

33. 由於美國的成立源於英國在北美洲的殖民地，近世的兩個全球霸權 (大英帝國和美國) 都説英語，令英語之成為國際通用語言，享有之前的語言 (葡萄牙語、西班牙語、法語) 所從未享有過的壟斷地位。同樣地，由於美國經濟霸權在全球化下的支配性地位，美元也享有其他貨幣從未享有的壟斷地位；這兩種情況，在人類歷史上是空前的；

34. 經濟金融化 (financialization of the economy) 令全球的貨幣流通量 (即「熱錢」) 遠遠大於人類所創造的實體財富；同時亦令全球債務 (個人、企業、政府之間彼此相欠的) 膨脹至一個天文數

字（至2018年已達 250 萬億美元，而全球生產總值是 76 萬億美元）；

35. 影音技術的高速發展，令電影、電視和網絡媒體成為人類生活的一部分，而人類活動的歷程得以鉅細無遺地保存（每一個擁有手機的人都可以是一個攝影記者）；而歷史的研究，亦由文字紀錄擴展到近乎無處不在影音紀錄。可是另一方面，人工智能可以製作出完全虛假的影音和文獻紀錄，以至「有圖有真相」這種說法已經無法成立。在這個充滿「假新聞」（fake news）的「後真相時代」（post-truth era），歷史學家變得更加任重而道遠。

以上的表列當然並未完備，但就此已經可看出，二十世紀是一個多麼不平凡的世紀，而站在廿一世紀初的我們，是處於一個多麼不平凡的時刻。筆者是念理科出身的，若只許我選三項至為重大的發展，我會選取第18（核能的釋放）、21（太空探險）和25（基因工程）項。如果你是念社會學的，你可能會選第26（性解放）、27（女權運動）和30（大眾傳媒）這三項；念人類學的人則可能會選第 5 項（人口變化）。如果你念的是國際關係，則可能會選第15（聯合國）、16民族主義）和32（全球化）項。但無論如何選擇，世界在過去120年來的翻天覆地和影響深遠是不容置疑的了。（對於念物理而又熱愛哲學的我，兩項意義深遠的發展是「海森堡不確定原理」（1927）和「戈德爾不完備定理」（1931）的確立，但它們對大部分讀者來說可能太陌生了。）

我的論旨是，一個歷史學家固然可以為十四世紀、十五世紀、十六世紀、十七世紀、十八世紀和十九世紀等時期，列出每個時間中最重要的三十甚至四十項大變，而不少變化也極具劃時代的意義（如文藝復興、印刷革命、殖民主義的擴張、科學革命、啟蒙運動、工業革命、資本主義的崛起、法國大革命、黑奴制度的出現和終結……）。但如果真的比較起來，即使就以我選取的那三項為例，「釋放核能」令人類首次掌握了徹底自我毀滅的能力、「進入太空」令人類的歷史舞台由地球延伸至無盡的宇宙空間、「基因工程」令人類掌握了進行自身改造的能力。這些變化皆在短短的一百年內出現（其實是 1930-1980 的 50 年內），其急速、劇烈和影響的深遠是任何歷史時期也難於比擬的。

鑑於上述的急速發展，歷史學家把人類過去百多二百年稱為「大加速時代」（The Age of Acceleration）。

在歷史上大部分時間，除非經歷戰亂，社會環境的變化一般是非常緩慢的。對大部分人來説，我們的祖父母怎樣生活，我們便怎樣生活，而且也確信，我們的子女也會同樣地生活。但過去百多年來，這個假設已愈來愈站不住腳。我們不但要適應劇烈的社會變化（可能我們較早前一度投身的行業今天已不復存在），還開始認識到，我們的子女要面對的，將會是一個跟我所身處的大為不同的世界。我們應該如何教育和裝備我們子女，以令他們面對一些今天還未出現的事物，是對為人父母者的一大挑戰。不用説，這是現代人感到焦慮與彷徨的原因之一。

3.2 複式增長 與環境生態危機

「處於重大轉捩點」的理據不單在於種種的具體事件，而在於一個數學原理：複式增長（compound growth）的原理。最易說明這個原理的是利用一個國際象棋的棋盤，假如我們在64格的第一格放一粒米，然後在下一格將米的數目加大一倍，並如此類推，你猜填滿棋盤需要多少粒米呢？

就讓我們來試試：每格的米粒數目應是：1、2、4、8、16、32、64、128、256……迄今為止好像沒有什麼特別，對嗎？讓我們有點耐性繼續下去：512（第十格）、1,024、2,048、4,096、8,192、16,384、32,768、65,536、131,072、262,144、524,288（第二十格）、1,048,576、2,097,152、4,194,304、8,388,608、16,777,216、33,554,432、67,108,864、134,217,728、268,435,456、536,870,912（第三十格）。讓我們就此打著。顯然，我們未到棋盤的一半，米的數目已經超過十億之數。

我可以告訴大家，到了最後的第64格，米的數目將會較現今世界擁有的米多一千倍以上（粗略計算是 12,000 億噸）。

複式增長（又稱指數增長，exponential growth）的特性，是開始時不覺得數量上的變化特別厲害，但一旦發展下去，後果是驚人的。當然，後果何時才達至災難程度，端視乎有關系統的邊界（物理學家稱「邊界條件」）在哪裡而定。而我們今天之處於歷史的轉捩點，是因為人類社會的很多發展（包括能源消耗、淡水資源消耗、礦產開採、森林砍

人口 J 曲線

公元 1 至 2050 年世界人口

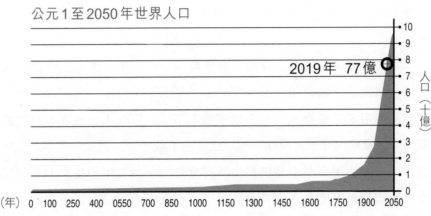

2019年　77億

人口（十億）

（年）

近一萬年的大氣二氧化碳濃度水平

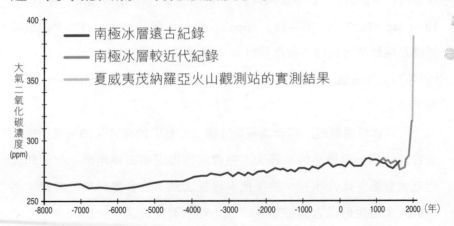

大氣二氧化碳濃度（ppm）

南極冰層遠古紀錄

南極冰層較近代紀錄

夏威夷茂納羅亞火山觀測站的實測結果

（ppm = parts per million，即空氣中的百萬分之多少）

伐、化學肥料的使用、農藥的使用、塑料的使用、肉食量……）皆按複式模式增長，而達至的水平，已經十分接近（甚至超過）地球負荷量的極限。

人類的活動如何對全球的生態環境做成日益嚴重的破壞，已經成為了日常生活中新聞報導的一部分，一些人甚至對這些新聞開始感到麻木。不用說這種麻木是十分危險的。不錯，這些人會指出，有關的新聞（以及環保分子的吵吵嚷嚷）已經聽了數十年，但社會還不是繼續繁榮進步？我現在還不是仍然生活得好好的？預言中的世界末日還是沒有出現啊！但這些人忽略了的是：(1) 歷史永遠是生還者寫的。也就是說，因嚴重空氣污染而患病死亡的人，不會在我們面前哭訴；因氣候變化而在超級風暴中死亡的人（如2013年在颱風海燕侵襲時喪失性命的一萬多人），也不會向我們申冤。(2) 大自然存在著「延滯效應」(time-lag effect) 和「臨界點」(tipping points) 等特性，一些特大的環境災難在醞釀時期往往不被察覺（如一個水壩出現的微小裂縫），但一旦「臨界點」被超越（如裂縫迅速擴張水壩崩塌），我們要作出補救已是太遲了。

大家都可能聽過法國一個關於「溫水煮蛙」的寓言：如果我們把一隻青蛙掉到一鍋燙熱的水裡去，牠會立即因受燙而跳出來；但假如我們把牠放進一鍋冷水裡，然後把水慢慢加熱，牠會覺得很是舒服，最後喪失了逃生的意志而被熱死……另外一個寓言是，一個人從一幢摩天大樓的頂樓跳下來，而住在每一層的人都在他經過時聽到他說：「情況還挺不錯呢！」

以上我說人類活動在很多方面「已經超越地球的負荷量」，我是否

在危言聳聽呢？讓我用兩個例子來支持我的説法。

第一個是全球的捕魚業。學者的研究指出，自第二次世界大戰結束至九十年代，全球的漁獲增加了4倍多，但自九十年代以來，即使捕魚船隊的規模不斷擴大，而且天氣預測、全球衛星定位、聲納探測等科技不斷進步，全球漁獲卻是停滯不前，甚至有下降的趨勢。

在過往，濫捕所導致的漁業崩潰曾在不同的區域出現。最著名的一趟，是上世紀九十年代初北大西洋的鱈魚業 (cod industry) 急速崩潰，為當地漁民帶來了沉重的打擊。但到了今天，我們面對的是全球漁業的迅速崩潰。一些科學家推斷，按照現時的趨勢，這種崩潰於本世紀中葉便會出現。屆時我們就是如何努力，大型拖網每次撈上來的，都只會是魚毛、蝦毛和海藻而已。不用説，這會影響全球的糧食供應，更為全世界無數靠捕魚為生的人帶來致命的打擊。(有學者指出，索馬利海盜在西北印度洋的肆虐，除了該國的政治動盪外，更重要的是大量漁民因為大國的船隊將沿岸的魚捕光了，他們無以維生才挺而走險。)

可以這樣説，全球海洋的濫捕是人類「殺雞取卵」的最佳寫照。而這個問題之發展到這個地步，則是「公地悲劇」(tragedy of the commons) 的一個範例：由於公海不屬於任何國家，就算我很負責任地絕不濫捕，但其他國家的船隊繼續濫捕，則我既吃虧也於事無補。既是如此，我不如繼續有多少捕捉多少算了！

至於我要舉的第二個例子，是舉世都開始關注，但有效行動卻是付諸缺虞（特別指關閉所有火力發電廠的行動）的全球暖化危機 (global warming crisis)。眾所周知，這個危機是由於自工業革命以來，人類大

量燃燒煤、石油和天然氣等化石燃料（fossil fuels），而釋放出來的巨量二氧化碳大大加劇了地球大氣層的「溫室效應」（greenhouse effect），從而令地球不斷升溫所做成的。

但不是這麼多人知道的是，大自然其實具有將多出的二氧化碳吸走的能力。「吸碳」的功臣主要來自生長得更茂盛的樹林、泥土中更活躍的微生物、更蓬勃茁長的海洋浮游植物、以及將大量二氧化碳溶於水中的海洋。這便解釋了工業革命雖然在十八世紀便已起飛，而十九世紀的西方已是到處煙囪林立，但大氣層中的二氧化碳水平，卻要到二十世紀才有明顯的增加。簡單的解釋是，踏進二十世紀（特別在中葉以後），大自然的「吸碳」能力已趨於飽和，而無法被吸收的二氧化碳於是在大氣層中積累起來，令這種氣體在空氣的成份不斷增加。

也就是說，人類排放二氧化碳的速率，已經超越了「地球的負荷量」。科學家的研究顯示，今天人類每年排放的二氧化碳達400億噸，其中超過一半已無法被大自然吸收而在大氣層中累積。研究復顯示，今天大氣中的二氧化碳水平，是地球過去三百萬年以來最高的，而上升速度之快更是前所未見。

在眾多的「超越」中，這項超越的後果是最嚴重的，因為它影響的是地球的整體溫度，而溫度上升不單是「天氣熱了」這麼簡單。它還會導致越來越頻密的殺人熱浪、特大和持續的山火、特強的暴雨、特大的洪災、特大的旱災等反常和極端的天氣。濕暖的空氣更會產生殺傷力更強的超級風暴（包括颱風和龍捲風）。而高山冰雪的消失，會導致世界各大河流逐漸枯乾。高山和兩極冰雪的融化更會導致全球海平面

不斷上升，令眾多的沿岸城市受到水淹。

在地球數十億年的歷史中，氣候變化其實並不罕見，「冰河紀」的出現和消退便是其中的例子。但這些基於自然因素（海陸漂移、火山活動、地球軌道變化、太陽輻射量變化等）的氣候變異，其速度一般都以數萬年或至少數千年為單位，而生物界大都可以作出適應（如長出厚厚的皮毛以禦寒）。相比起來，今天因為人類活動所引致的氣候變化，其速度之快是前所未見的。結果是，大量的生物物種由於無法適應這些變遷（當然也由於人類活動的種種破壞），紛紛遇上滅絕的厄運。按照科學家的計算，今天物種消失的速率，較自然的速率大上一千倍以上。由於我們至今未能確定地球上有多少物種（估計的數目由數百萬種至數千萬種不等），物種消失的數目估算，可由較低的每年數千種，到較高的每年超過5萬種。但無論如何，情況是極其嚴重的了。由於地球歷史上曾有過五次大滅絕事件（mass extinction events），所以科學家已經把我們今天所經歷的稱為「第六次大滅絕」（The Sixth Extinction）。

請不要以為只是熱愛野生生物的人才需要關注這些滅絕事件。人類是大自然的一部分，而生物界所有事物都是環環相扣、息息相關的。在生態系統崩潰的面前，人類不可能獨善其身。除了生態失衡而可能引發的各種瘟疫之外，其中一個最引人關注的生態危機是蜜蜂數目的急速下降。這是因為不少農作物的繁殖，皆有賴蜜蜂採蜜時將花粉傳播。蜜蜂數目的大幅減少，將會為農業帶來重大的打擊，從而導致糧食減產和饑荒的出現。

在生態學（ecology）中，一些對系統穩定性有重大影響的物種我們

稱為「關鍵物種」（keystone species）。我們無法確定，除了蜜蜂外，還有什麼「關鍵物種」正因人類的破壞而步向滅絕。有人作過比喻：我們就像一個伐木工人，正坐在一枝離地面很高的粗壯樹枝之上。為了獲得樹枝的木材，我們起勁地用電鋸將連接樹枝和樹幹的部分分離。不錯，分離後我們可以得到木材，但同時我們也會一命嗚呼。

從另一個角度看，地球上的生物都是經歷億萬年的演化而來，牠們跟人類一樣都有居住在這個星球上的權利。千差萬別的品種之中，每一個都是獨一無異和無比奇妙的。任何物種一旦滅絕，這個億萬年的演化產品便在時間洪流中永永遠遠地消失。即使人類明天滅絕，這些物種也不會復活。從這個角度看，「第六次大滅絕」是人類一項不可饒恕的罪行。

所有的數據和分析都顯示，今天世界的發展趨勢，在多方面都是不可持續的。廿一世紀肯定是歷史發展的一個「瓶頸」，而人類文明在本世紀內必然會出現重大的轉折。然而，這個轉折是在有意識、有計劃、有秩序的情況下作出，還是在世界崩壞天下大亂之後才被動地作出，其間將有天淵之別。

基於人類活動對岩石圈、大氣圈和生物圈等帶來的明顯影響，一些科學家近年倡議在地質年代劃分中，把始自12,000年前左右（即農業革命之始）的「全新世」（Holocene）改稱為「人類世」（Anthropocene）；一些科學家認為應把「人類世」局限於自工業革命至今的時期；另一些更將「人類世」的起點定於首次核爆試驗的1945年。但無論如何劃分，我們已經身處「人類世」已是無須爭議的一回事。剩下來問題只是，這個地質時代會延續多久呢？

3.3 資本的衝動：

經濟增長的「硬道理」

有人説過，在生物界中，人類是唯一會不斷破壞自己家園的生物。但我們不禁要問：人類自稱「萬物之靈」，為什麼會這樣愚不可及呢？

不少人認為，人類的貪婪是環境破壞的罪魁禍首，這種説法不能説沒有道理，卻是流於空泛。試想想，假設一個人漂流荒島，他修好了一隻小船可以讓他脱險，同時又發現島上隱埋著海盜遺留下來的大量黃金，於是他在逃離荒島之前，將盡量多的黃金放到小船上去。謂人類「因為貪婪而自取滅亡」的人等於説，這個人會因貪念而不斷把黃金搬上船，直至小船被壓破沉沒為止……

一個人也許真有可能這麼愚蠢，但我們現在説的是有數十億人的整個族類啊！無數有識之士多年來已經提出警告大聲疾呼（最早而又有大量數據分析支持的，是羅馬俱樂部（Club of Rome）於 1972 所發表的《增長的極限》（*The Limits to Growth*）報告），而有關的分析可謂事實俱在、鐵證如山，我們為何還是無法阻止環境破壞的繼續，甚至讓破壞不斷擴大呢？

這便把我們帶到現代文明的「遊戲規則」這個至關重要的認識之上。扼要地説，我們過去數百年所發展出來的「遊戲規則」令我們騎虎難下。這套規則是什麼？一言以蔽之：資本主義生產制度。

在解釋這套規則如何令我們騎虎難下之前，我們還須釐清一個概念上的混淆。部分有識之士指出，不斷膨脹的「消費主義」（consumerism）是資源耗盡和環境破壞的元凶，而對抗的辦法是抵制這種消費主義傾向。這種分析固然較空泛的「貪婪」有所進步，但它們絕大部分都沒有更進一步揭示，「消費主義」並非什麼「無盡物欲」和「虛榮心」作怪，而是資本主義的命脈所在。簡單地說，沒有了消費主義，資本主義便會立刻血管蔽塞心臟停頓，而人類的經濟便會崩潰。

筆者並非故意語出驚人。還記得我們在上一章對「何為資本主義制度」作出的簡述嗎？現在讓我們看看這個制度中的一個基本矛盾：(1) 我們說資本家的利潤來自「對工人階級的額外勞動成果的制度化無償佔有」，但大前提是，他透過工人所製造的商品及所提供的服務必須有人光顧，其間的利潤才能得以體現。如果商品和服務無人問津，他便「賠了夫人又折兵」。(2) 資本家之間存在著激烈的競爭，要不被淘汰，唯有採取「人無我有、人有我優、人優我平」的策略，亦即最後還是落到消費者最為敏感的「價格」之上。但要壓低價格而又維持利潤，唯一的方法是降低成本。但成本中的原材料、廠房租金、機器折舊、水電煤甚至銀行貸款利息等開支都是「實報實銷」難以降低的，所以任何資本家都只有盡量將工人的工資（往往佔成本的一大部分）壓低，這不是資本家的「無良」，而是遊戲規則使然。(3) 工人的生計來自工資，如果工資水平偏低，工人的消費意欲便會下降，而社會總體消費不足（under-consumption），便會導致生產過剩（over-production），亦即商品和服務無法全數售出。若此則資本家的利潤會下降，他們會因此縮減

投資（不要忘記他們不做生意也有大量金錢維生呢），結果是企業萎縮甚至倒閉，從而引致大規模失業。由於大量的人失去生計，社會整體的消費水平只會進一步下滑，最後在惡性循環之下導致經濟危機。

由此看出，資本主義乃包含著一個嚴重的內在矛盾，就是盡量壓低工資以「追求利潤最大化」（否則會被同行淘汰）和「盡量維持工人（即社會上99%的人）的消費水平」之間的矛盾，而周期性的經濟危機是這個制度的天然產物。從另一個角度看，「資本家盡量壓低工資」在個人的層面是完全理性的行為，但集體來說卻是非理性行為，而社會必須在這兩種行為之間取得平衡。

現在讓我們引入「機器的使用」這個關鍵因素。自工廠制度建立以來，要降低製作成本的話，壓低工資以外的一個方法是引入機器。機器雖然昂貴，但長遠來說它們可以減省人手降低生產成本。結果是，過去百多二百年來，工業生產的機械化和自動化從未停步。但這兒我們遇上另一個「個體理性行為導致集體非理性行為」的弔詭。就個體而言，引入機器以降低生產成本是絕對理性的行為，但作為一個集體，如果所有資本家都這樣做，人手過剩所帶來的大規模失業，這不但會令社會出現動盪，也會導致生產過剩和利潤下降的危機。

要知透過「槓桿原理」（leveraging）而「借貸經營」是今天企業營運的常規而非例外，而要償還貸款的利息（當然以複式計算），企業的利潤率（profit rate）便不能低於銀行的「貸款利息」和「存款利息」之間的差別。我們之前看過，如果利潤率低於這個「存、貸利率差」，那麼資本家不如把錢放在銀行收息好了。（當然，如果沒有人借錢，銀行體系

也將崩潰……）

　　由於不斷透過機械化以提升生產力和競爭力是市場競爭的必由之路，而這樣做又會導致大規模失業和消費萎縮，那麼資本主義不是一早便應該自我否定而無法延續了嗎？但即使經歷了一次又一次的危機（最近的是「零八全球金融海嘯」），資本主義至今卻是屹立不倒，甚至變得愈來愈強大。秘密究竟在哪裡呢？

　　秘密就在「經濟增長」這頭現代「聖牛」之上。因為只要總體經濟規模不斷增長，引入機器導致的過剩勞動力，便可以不斷被吸納。這還不止，大眾還需不斷被灌輸「美好的生活必須來自更多的消費」、「購物不僅為了滿足生活所需，它本身就是一種生活享受」這等思想（辦法

當然是透過耗資龐大、無孔不入的廣告及廣告贊助的活動），以令他們會購買新增的商品和追求新增的服務（不斷推陳出新的時裝、汽車、手機、電腦、電視、美容服務、美食、主題樂園、自我增值班、親子活動班……）。現代文明的一大特徵是，推動著消費（或起碼90%的消費）的不是生活上的需要 (basic needs)，而是「被製造的欲求」(manufactured wants)。商界所鼓吹的「藍海戰術」（即開闢新市場）和「無限商機」，其實就是資本主義得以延續的「還魂丹」和「救命草」。

在個別企業的層面，「大魚吃小魚」的邏輯導致「做大做強是硬道理」，這是「人在江湖、身不由己」。結果是，在「人類生死存亡」和「季度業績增長」之間，任何大企業的CEO都會選擇後者，因為選擇前者的一早便已被開除。對於開除他的資本家來說，在「人類生死存亡」和「資本累積」之間，他也必會選擇後者，因為選擇前者的一早便已被其他資本家淘汰。

在整體的層面，「經濟增長」（即消費擴張）是維持社會經濟於不墮的唯一法寶，明知環境已經負荷不了也要繼續下去，所以是成語「騎虎難下」的最佳寫照。結果是，任何資本家都會以拓展商機和鼓吹消費為己任，而所謂「企業社會責任」、「環保優先」和什麼「可持續發展」，最終都只能淪為櫥窗粉飾的企業公關項目，而無法從根本上扭轉社會的發展方向。

在本書的第一章，我們看過生物學家道金斯（Richard Dawkins）所提出的「自私的基因」(selfish gene) 這個概念（*The Selfish Gene*, 1976），但基因沒有意識，又何來自私呢？同理，筆者於 2014 年出

版的書籍稱為《資本的衝動》，但資本沒有意識，又何來衝動？其實，兩種稱謂都是為了凸顯出兩者本身雖然沒有內在的「意向性」（intentionality），但在現實世界運作起來時，卻會產生類似「意向性」的客觀效果。有關資本的「生命力」，馬克斯的一個生動說法是：「所謂資本家，只不過是人格化的資本罷了。」

至此我們終於明白，為什麼全世界的政府都以經濟增長作為管治的最高目標。數年前，中國的一個高級官員曾經說，只要中國經濟的增長下降一個百分點，全國失業人數便會增加五、六百萬人之多。放到中國盛世的唐朝，這當然是荒謬絕倫的一回事；但放到今天奉行「紅色資本主義」的中國，這卻是鐵一般的事實。

「消費、消費、再消費！」是資本主義生產制度的標準運作模式（拉丁文稱 modus operandum），要我們抵制「消費主義」以挽救環境，便等於要幹掉資本主義而令社會崩潰。

但很多人都不了解，複式的經濟增長是多麼不可持續的一回事。零八金融海嘯之後，當時的中國總理溫家寶提出要「保八」，亦即中國總體經濟（以GDP計算）的增長率必須保持在每年8%或以上。數學的演算顯示，任何數量增長翻一番所需的時間，即「倍增期」(doubling period)，可以由72這個數字除以增長率求出。對應於每年8%的增長率，「倍增期」是9年，亦即經濟每9年便翻一番。好了，就以2008年的經濟規模起計，亦即到了2017（2008+9）年達兩倍、到2026（2017+9）年達4倍、到2035（2026+9）年達8倍、到2044（2035+9）年達16倍、到2053（2044+9）年達32倍、到2062（2053+9）年達64倍……（還記得上一節開首的國際象棋棋盤嗎？）大家可以想像，即使就本世紀中葉計，一個大了近30倍的經濟體系在物資虛耗、能源虛耗、環境污染、垃圾製造（想想每年的天貓節）等各方面會是如何災難性的一回事嗎？

「保八」現在已經變了「保六」，就讓我們再保守一點，把追求的GDP增長定為每年5%吧，這時的倍增期會變成（72/5=）14.4年，而由2020至2099這七十多年間，會經歷了五個多的倍增期。五次「翻一番」的數目是多少？當然就是 2 x 2 x 2 x 2 x 2 = 32倍，亦即方才達到三十倍經濟規模的時間只是延後了四十多年罷了。不要忘記的是，下一次翻一番的倍數是64、再下一次是128、再下一次是256……

「保三」又如何呢？相信任何一個經濟學家都會把「國民生產總值的

增長為每年百分之三」歸類為「低增長」之列。且讓我們看看：對應於這個增長率的倍增期是24年，亦即在96（=24x4）年內，經濟規模也會增加16倍之多。

「但人類社會不是只有資本家和工人啊！面對『複式增長不可持續』這個顯淺易明的道理，難道我們的政府會坐視不理，任由災難發生嗎？」很對不起，情況正正就是這樣。各國政府正在做的，是如何創造「最為有利的營商環境」（包括減稅和放寬行業監管），以吸引本地和國際的投資者。而只要投資者提出「撤資」的威脅，政府就要乖乖就範。簡單地說，「政治」已經被「經濟」挾持了。這種情況的一大幫兇是世上眾多的經濟學家。學者肯尼斯‧博貝爾丁（Kenneth Boulding）一針見血地說：「認為可以在有限的系統中實現無限增長的人，如果不是瘋子，便一定是個經濟學家。」（*To believe that one can have infinite growth in a finite world, one must be a mad man or an economist.*）

近年，一張在網上流傳的漫畫將這種荒謬絕倫的情況尖刻地呈現。漫畫中，一個成年人在星空下對著一群圍著篝火的小孩子自豪地說：「不錯，地球被毀滅了，但之前有美麗的一刻，我們為股東創造了巨大的價值。」

在上文提到的拙著《資本的衝動》之中，我提出了「利競資膨，毀滅世界」的口號，指出在資本主義的內在邏輯底下，「利潤的競逐」和「資本的膨脹」（馬克斯稱作「資本累積」）屬制度上的「不可抗力」（irresistible force）。如果人類最終無法控制「資本的衝動」，當這股「不可抗力」撞上「自然極限」這個真實的「不動體」（immovable object）之時，毀滅性的災難將會無可避免。

人類當前處境（之二）：「新右回朝」與「共融圈」的擴大

4.1 新自由主義席捲全球

不少史學家都指出，二十世紀上半葉的兩次「世界大戰」基本上是同一場戰爭，一場在「全球殖民瓜分」背景下的歐洲列強爭霸戰。結果是「鷸蚌相爭，漁人得利」，造就了空前強大的美國霸權。從此，歐洲（即使在九十年代締結為「歐盟」）便只有成為地球二等甚至三等勢力的份兒。

二十世紀的另一大主題是共產主義（communism）的「實驗」與失敗，其中最重要的，是蘇聯的成立與解體（1917-1991），以及共產中國的成立至全面「走資」（1949-1979）。雖然兩個政權都取得了一定成就（都成為了核子大國和太空探險大國），但其間付出的代價（無論在人命、文化和道德摧殘方面）都是非常沉重的：除了新政權成立時的恐怖統治階段，還有史太林的「大清洗」和西伯利亞集中營、毛澤東的「大饑荒」和「文化大革命」，以及柬埔寨波爾布特政權的種族大屠殺等。自此，「共產主義」成為了「極權統治」（totalitarianism）、「洗腦」（brainwashing）和「警察國家」（police state）等的代名詞。英國作家喬治・奧威爾（George Orwell）於 1949 年所發表的科幻小說《1984》，成為了人類一個永恆的警惕。

然而，就在《1984》發表前五年的 1944 年，雖然到處仍是烽火連天，一位來自歐洲的學者卡爾・波蘭尼（Karl Polanyi）在他的新家園

美國發表了一本名叫《大轉型》的書籍（*The Great Transformation - the Political and Economic Origins of Our Time*），其間深刻地分析了不斷膨脹的「市場化」傾向（marketization）對社會所做成的衝擊。他指出，工業革命和資本主義固然帶來了巨大的物質繁榮，但市場化對社會所造成的負面影響也是巨大的。這些影響包括了對社群精神、人際關係、家庭倫理、道德觀念甚至個人的自主性和自尊心的破壞。為了對抗這些破壞，不同的社群被迫作出各種自我保護的行為，它們包括組織各種會社、慈善團體、工會、合作社、互助社和捍衛工人福利的政黨等。而過去百多年來，人類社會演變的一大主題，便是這兩股力量（「市場邏輯」和「社群精神」）的無休止角力。按照他的分析，如果不是後一股力量的抗衡，人類社會早便會在「市場無限膨脹」的衝擊下分崩離析了。

波蘭尼的分析自是有感而發，因為二十世紀的頭二十多年，資本主義的急速膨脹在美國導致極大的貧富懸殊，最後更導致由1929年華爾街股市崩潰所引發的經濟大蕭條（The Great Depression）。美國總統羅斯福（Franklin D. Roosevelt）為了挽救經濟所推行的「新政」（New Deal），正是以一系列社會性（他的反對者則稱為「社會主義」）的手段（教育、醫療、勞工福利保障等）來彌補「自由放任市場」（laissez faire market）所帶來的惡果。

不少史學家都指出，除了「新政」之外，真正挽救了美國經濟並令她更上一層樓的，是第二次世界大戰所帶來的資本消耗和生產力提升。但無可否認的是，二戰後的三十多年，美國奉行的大致上仍是羅

斯福的政策（也是經濟學家凱因斯（John Maynard Keynes）所主張的政策），而由此產生的，是一個「公營領域」（public sector）和「私營領域」（private sector）並重和比較「均富」（egalitarian）的社會。

同樣的情況也出現於大西洋彼岸的英國和歐洲諸國，而北歐一些國家更不諱言地聲稱，她們推行的是基於「高稅率、高福利」而又充份貫徹憲政民主精神的「民主社會主義」（social democracy）。

然而，美國因越戰（1955-1975）弄至國庫空虛，在1971年夏然將美元與黃金脫鈎。接著，歐洲多國因工潮而經濟大受打擊。另一方面，中東石油生產國組織（OPEC）為了提升議價能力，在七十年代初實施石油禁運（oil embargo），令西方的經濟雪上加霜，最後出現了「滯

脹」（stagflation，即「經濟停滯不前」和「通貨膨脹」同時發生）的危機。

結果是，一直強烈反對「凱因斯經濟學」（Keynesian economics）的「自由經濟學派」成勢作出反擊。「大政府」被視為問題的主要根源，而「福利主義」則受到猛烈抨擊，主張「大市場、小政府」的兩個著名「自由經濟主義」學者海耶克（Frederich von Hayek）和佛利民（Milton Friedman）分別在 1974 和 1976 年獲頒諾貝爾經濟學獎，更令這種思潮取得了主導的地位。數年後，兩個信奉這套理論的政治人物戴卓爾夫人（Margaret Thatcher）和朗奴·列根（Ronald Reagan）分別於 1979 和 1980 年出任英國首相和美國總統，而中國亦於同一時間推行「改革開放」政策全面「走資」（走資本主義道路的簡稱）……史家把這一重大的歷史轉折稱為「新右回朝」（Return of the New Right），我們所認識的現代世界出現了。

要用一個詞來形容這個世界的特點，有人會用「市場至上／萬能論」（market fundamentalism，直譯是「市場原教旨主義」），有人會直稱為「極端資本主義」（extreme capitalism），也有人（包括筆者）認為應該用涵蓋更廣的「新自由主義」（neoliberalism）這個名稱。

好了，現在就讓我們看看，「新自由主義」過去四十年席捲全球的情況，以及它對人類的前途將會有什麼影響。

首先要澄清的是，「自由主義」（liberalism）在西方的政治哲學中有著悠久的歷史，但「新自由主義」（neoliberalism）卻不是這種思想的延伸。「新自由主義」雖然也以「個人的選擇」為最高的價值，但它基本是一套經濟理論而非政治理論。在政治哲學中，思想上與它相近（卻不

完全相同）的理論是「自由至上主義」（libertarianism），亦即只要不侵害到他人的利益，個人自由乃最高的價值這種思想。按照這種政治思想，政府的徵稅剝奪了個人如何支配（那怕只是部分）收入的自由，所以所有徵稅都是一種「盜竊」（All tax is theft!）。

弔詭之處在於，在意識型態的光譜上，極右的「自由至上主義」與極左的「無政府主義」（anarchism）頗有不謀而合之處。當然，兩種主張都從未付諸實踐。簡單的邏輯是，除非世上只有一個群落，否則任何沒有領導層的群落，必然會敗給擁有領導層（亦因此而出現稅收）的群落。

讓我們回到作為經濟理論的新自由主義，它的政策綱領一般包括：

1. 「私有化」（privatization）：將大量公共事業如水、電、煤、郵電、交通運輸，甚至醫療、教育、社會保障、退休保障等賣給私人公司，理由是基於「利潤動機」（profit motive）運作的私人企業必然較公營模式更有效率，而消費者也將會有更多選擇（佛利民的一本名著便叫《選擇的自由》（*Free To Choose*, 1980））；

2. 「去監管」（de-regulation）：大幅解除各個行業——特別是金融業——的法例規管，理由是過渡監控會扼殺這些行業的創新活力，從而影響經濟的發展（一項最重要的「去監管」措施，是美國在九十年代把訂立於1933年的「格拉斯——斯蒂格爾法案」（Glass-Steagall Act）推翻，從而把相對穩健的「商業銀行」和高風險的「投資銀行」之間的法例區隔取消；這是「零八金融海嘯」

的重要根源之一）；

以上是在國內的層面而言，在國際的層面，主要的綱領則包括：

3. 「自由貿易」（free trade）：所有國家都必須開放進、出口市場而參與全球性的貿易，並且必須取消關稅以及一切貿易壁壘；

4. 「資本自由化」（liberalization of capital）：所有國家必須取消外匯管制，容許資本的全球性自由流動 (free flow of capital)；

5. 「全面開放產業市場」（opening of domestic market）：容許外國的企業和資本進入本國投資和經營各種行業；

在上述的大前提底下，往往還包括以下的政策：

1. 大力打壓工會活動甚至解散工會，因為工人的集體談判權以及罷工等行為對「自由經濟體系」造成嚴重損害；其他的手法則包括「分而治之」以及成立親建制的工會等；

2. 提高「勞動力市場的彈性」（labour market flexibility），亦即任由大企業在盈利其間仍然大幅裁員，因為這樣才能保持企業及至整個社會的「經濟競爭力」；

3. 大幅削減社會福利，或至少收緊各種福利的申請資格，及為這些申請設置重重的行政關卡，原因是「福利養懶人」；

4. 推行「低累進性」（low progressivity）的稅制，甚至引入「累退性」（regressive）的消費稅（sales tax）；也往往包括直接向富人／大企業減稅（因為這會刺激投資促進經濟）；亦包括大幅降低甚至取

消遺產稅；

5. 解除租務管制，因為這會達至更佳的房屋資源運用；另一方面則大力推動「居者有其屋」而鼓勵中、低收入家庭置業；除了背後的巨大利潤之外，一個不便宣之於口的原因，是擁有物業的人對任何激進的社會運動都會採取較為抗拒的態度；

6. 大量推行外判制（outsourcing）；對於跨國企業則是採取「離岸生產」（off-shoring）的外判模式（例如名牌球鞋 Nike 和 Adidas等已不直接擁有任何生產線）；

7. 全面推行合約制（contract employment）而取消長俸制，並把退休保障變為金融投資項目（即由私人公司經營的「退休基金」）。

除此之外，一些權威的財經機構或智庫，更會每年公布全球各個國家和城市的「經濟自由度」和「競爭力」排名，以鼓勵它們「百尺竿頭、更進一步」地互相競爭，亦即創造「更吸引外資」和「更有利營商的環境」。

留意上述的轉向已不局限於英國、美國或是西方發達國家，而是遍及世界上每一個角落。由二十世紀末崛起的「亞洲四小龍」（韓國、新加坡、台灣、香港）到廿一世紀初崛起的「金磚五國」（中國、印度、俄羅斯、南非、巴西），各國所採取的，都是遵照上述「方程式」的相同發展模式。

如果以衝著羅斯福「新政」和「凱因斯革命」所創造的「均富社會」的角度來看，這其實是權貴階層和他們的御用學者所發動的一場「復辟」，借用《星球大戰》電影系列的術語，這是一場鋪天蓋地的「帝國反

擊戰」，而至今大獲全勝的是帝國。

留意新自由主義名義上尊崇「自由市場」，亦即企業的成功還是失敗，應該完全由市場來決定。但「零八金融海嘯」其間，美國政府竟要投入七千億美元的納稅人金錢來「救市」（bail-out，實質是拯救眾多破了產的企業如 AIG 和通用汽車等），無怪乎不少論者指出，新自由主義的虛偽實質是：「華爾街實行社會主義，普羅大眾才實行資本主義」（Socialism for Wall Street, capitalism for Main Street.），而「利潤私有化，成本（代價）則社會化」（Profits are privatized, costs are socialized.）乃是這套經濟學的標準運作模式。

然而，無論我們如何批評新自由主義的虛偽，「自由貿易」和「資本自由化」已經將全球的經濟連成一體。所謂「全球化」（globalization）本質上就是「全球資本主義化」（globalization of capitalism），即無論是國家還是企業，都必須在全球的背景下去爭奪（1）最廉價的生產原材料（包括食物和能源）、（2）最廉價的勞動力（包括高科技人才）、以及（3）最龐大的消費市場。此外，它們也會不斷尋找勞工保障最低和環境保護法例最寬鬆的地方來進行生產，因為只有這樣，它們才能夠賺取最大的利潤和達至最大的資本累積，從而在激烈的國際競爭中勝出（或至少不被淘汰）。這種競爭，批評者稱為「尋底競爭」（race to the bottom）。

這套「遊戲規則」的另一個名稱是「華盛頓共識」（Washington Consensus），因為支配著這個遊戲的關鍵組織——美國聯邦儲備局（US Federal Reserve）、國際貨幣基金組織（IMF）、世界銀行（World Bank）、世界貿易組織（WTO）和各大信貸評級機構（如穆迪、標普等），

都深受美國的影響。要知美國的人口不足全球的5%，但在第二次世界大戰後的好一段時間裡，她的國民生產總值佔了全球的幾近一半。即使到了廿一世紀初，這個份額仍然接近三分之一。一個通俗的說法是：「只要美國經濟打一個噴嚏，全球經濟便會患上大感冒」。在這樣一種極度傾斜並完全由美元（或稱「美元霸權」）主導的全球經濟環境下，任何國家要謀求經濟發展，都必須參與美國制訂的遊戲規則。這種「全球經濟宰制」（global economic dominance）的無遠弗屆，已經遠遠在羅馬帝國當年對周邊國家和民族的軍事宰制之上。簡單而言，「華盛頓共識」就是二戰後的「新殖民主義」的強化版。

過去四十年來，「華盛頓共識」下的新自由主義席捲全球，結果大量的公營事業被私有化，政府對企業的監管被大大削弱，而通過了大量的收購和合併，超級跨國企業迅速膨脹，不少已到了富可敵國的地步。此外，經濟的「金融化」持續不斷，以至每年在全球流竄的「熱錢」數量，已經在全球生產總值（global GDP）的十倍甚至二十倍之上，而全球的債務則達到了天文數字。一些學者指出，我們已經進入了「全球化壟斷性金融資本主義」（globalized monopolistic financial capitalism）的「超級債務年代」（super-debt era）。

4.2 ▶ 上滲式經濟與漂流階級

　　必須指出的是，在參與全球經濟一體化（也可稱為「羅馬帝國經濟學」）的過程當中，不少國家確因天時地利並以（1）出賣國家有限的天然資源（礦產、林木、石油……）、（2）國土內生態環境的嚴重破壞、及至（3）賠上國民的健康、尊嚴甚至性命（遍布全球的「奪命血汗工廠」）為代價，獲得了顯著的經濟發展。「金磚五國」是著名的例子。

　　經濟是發展了，卻不是所有人都同樣受惠。令人大惑不解的是，無論在發達國家還是發展中國家，隨著社會的財富不斷增長，人們的工作時間卻是愈來愈長，工作壓力也愈來愈大；以往是一個男士出外工作已可養妻活兒，現在是夫妻一起工作也捉襟見肘；不少人要多份兼職才能維持生活，一些更要「借債消費」來維持「自我感覺良好」（社會上到處充斥著鼓吹借貸的廣告）；年輕人的社會向上流動（upward social mobility）是愈來愈困難……

　　其實不用大學教授也可看出，從基本的邏輯出發，完全沒有管制的「自由經濟」，其結果必然是「不自由經濟」。這是因為商業競爭必有贏家和輸家，而贏家底子厚了，往後的贏面便更高。所謂「成功會導致更多成功」（Success breeds success），在這種自我反饋迴路的作用下，強的會更強，弱的會更弱，結果是「贏家通吃」（winner-takes-all），各行各業中出現「獨佔」（monopoly）或至少「寡頭壟斷」（oligopoly）的情

況，而「自由經濟」最後成為一句空話。

其實，不少學者早已指出，「新自由主義」經濟政策會導致富者愈富、貧者愈貧，是以政府必須透過稅制或社會福利等「財富再分配」（wealth re-distribution）的政策，以改善窮人的生活，並達至一個較為均富的社會。

對於這些建議，「新自由主義」的支持者會高調地指出：萬萬不可！原因是這些「劫富濟貧」的政策會打擊人們創富的動力，到頭來只會損害經濟的發展與繁榮，而窮人的境況只會變得更差（即我們會「好心做壞事」）。我們應該做的，是致力促進經濟的增長。因為當財富增長了，窮人所獲得的份額即使沒有增加，它的絕對值也會隨著加大，而他們的生活亦會有所改善。也就是說，只要將蛋糕愈做愈大，則所有人都會受益。這套基於「水漲船高」（the rising tide lifts all boats）的理論，便是著名的「下滲式經濟學」。

事實證明，對於絕大部分的勞動階層，「下滲式經濟」（trickle-down economics）的承諾沒有兌現（其根本的理由當然是「尋底競爭」——即第二章提及的「維生性工資水平」——的邏輯）。預期中的「下滲式」繁榮共享，變成了「上滲式」的財富轉移（trickle-up），即財富的向上集中變得愈來愈厲害，而貧富懸殊則愈演愈烈。慈善組織「樂施會」於2018年發表的一份報告指出，世界上1%的人，獲取了過去一年全球總收入的82%；另於2019年發表的報告，則揭示全球最富有的26個超級富豪所擁有的財產，竟然等於人類收入底層那50%的人的財富總和。

對於「新右回朝」所導致的結果，曾有「股神」之稱的投資者華倫·

巴菲特（Warren Buffett）在「零八金融海嘯」之後不久便坦言地說：「不錯這是一場階級戰爭，但這是由我所屬的富裕階層所發動的，而且我們正節節勝利。」巴氏之膽敢這樣說，是因為他不認同這種發展趨勢，並提出要向富豪階層徵收所謂「羅賓漢稅」。不用說他自此受到富豪階層的大力杯葛，一些人甚至說他因為老昏了才胡言亂語。

「新自由主義」是極其成功的，而成功的最大標誌，是大部分人根本未有聽過「新自由主義」這個名稱（等於深海裡的魚不知道身在深海）。它非常成功地在人們的頭腦中散播了這樣的思想：「政治講的是選擇、經濟講的是規律」，而我們現時推行的政策，是「按照經濟規律」（而不是某一套意識型態）辦事。也就是說，「政治」已經被「經濟」所超越（真正貼切的形容是「騎劫」）。戴卓爾夫人的名句是：「除此之外別無選擇！」（There Is No Alternative!）數十年來，從大學裡的教授到政府裡的高官到街頭的販夫走卒，都已經成為了這項「認知俘虜」（cognitive capture）的受害者。

「新自由主義」的影響是深遠的。羅斯福「新政」的一項重要成就，是打造了一個強大的「中產階級」（middle class）。不錯這個階級在政治上傾向保守，但撇開政治立場而從增進社會總體福祉的角度看，這無疑是一項偉大的成就。然而，殘酷的「尋底競爭」和「上滲式經濟」令這個階級不斷受到侵蝕。2006年，日本學者大前研一便在他的著作《中下階層的衝擊》中，提出了「M型社會」的概念，亦即在社會向上流動性減弱和中產階級逐漸消失的情況下，社會的收入分布正從較為接近「正態分布」的「鐘型曲線」，轉變為中間陷落的「M型曲線」。某一程度

上，這正符合了馬克斯所提出的，資本主義最後必然導致社會兩極分化（polarization）的預言。（多年來，中產階級的興起被認為是馬氏預言的最大反駁。）

馬克斯的「兩極」是指「資產階級」（bourgeois）和「無產階級」（proletariat），但近年不少學者指出，受薪的「無產階級」在外判制、合約制和經常出現的大幅裁員等巨浪衝擊下，境況已經跟百多年前（甚至只是數十年前）長期受僱於一、兩個僱主甚為不同。對這個漂泊不定的受薪階層（無論是「藍領」還是「白領」），學者為它起了一個新的名稱：precariat，此詞乃由 precarious 與 proletariat 這兩個字合成，就是「缺乏安穩（甚至危殆）的無產階級」的意思，筆者稱之為「漂流階級」。

這個階級的特色，是長期面對不穩定的就業、往往要靠兼職維生、缺乏職業身份認同、實質工資常常出現起伏（長遠來說甚至下降）、缺乏員工福利和退休保障、甚至長期受債務困擾等等。所謂「窮忙族」甚至「過勞死」，便是這個階級的悲慘寫照。

愈來愈多人在半自願的情況下成為「自由職業者」（free-lancer）和臨時工（即由「受僱人士」變為「自僱人士」），形成了今天學者所稱的「零工經濟」（the gig economy）。這種發展是「新自由主義」哲學推到極至的邏輯結論。

今天，漂流階級中有不少是大學畢業生。由於社會向上流動愈來愈困難，而樓價高企令他（她）們在可望的將來也沒有可能置業，一些人於是決定不再追名逐利，轉而擁抱「樂活」（LOHAS–Lifestyles of Health and Sustainability）和「慢活」（downshifting）等「去物質化」（de-materialization）的生活方式，並且豁了出去致力實踐自己心中的理想（如辦小型書店和出版社、搞實驗劇團、甚至以耕種為生……）。

這些人的父母輩固然可在生活上向他們作出某一程度的支援，但始終因為經濟不穩定也因為居住空間狹隘，他們往往選擇不結婚，而即使結了婚也選擇不要子女，這正是導至現代社會的出生率持續下降的原因之一。

然而，貧富懸殊和社會不公亦無可避免引起人民的抗爭行動。這些抗爭正是對「新自由主義」和「全球化」的虛假承諾的最大反駁。2011年10月，資本主義心臟地帶的紐約爆發了「佔領華爾街」運動（Occupy Wall Street Movement），類似的運動及後蔓延至全球多個城市。直至本

書執筆時，被稱為「第二次法國大革命」的「黃背心運動」（The Yellow Vests Movement）仍未完全平息，而類似的運動在不少西方國家此起彼落。

作為「新自由主義」的第一個試驗場（1973年由美國策動的政變所締造），「邊陲」國家智利在2019年10月也爆發了大規模的示威抗議行動，至執筆時已導致近三十人死亡。新聞圖片中有示威者拿著一塊大型紙牌，上面寫著「新自由主義在智利誕生，也會在智利死亡。」（Neoliberalism was born in Chile, and will die in Chile.）筆者當然希望這會成為事實。但客觀的分析顯示，這將是一場極其艱巨和漫長的抗爭。

想了解過去數十年「新自由主義」帶來的衝擊，筆者極力推薦由娜米歐・克萊因（Naomi Klein）所寫的《震撼主義——災難經濟學的興起》（*The Shock Doctrine: the Rise of Disaster Capitalism*, 2007）。至於我們應該如何對抗這種發展趨勢，筆者則推薦大家閱讀曾獲頒諾貝爾經濟學獎的約瑟・史蒂格里茨（Joseph Stiglitz）的兩本著作：《人民、權力與利潤》（*People, Power and Profits*, 2019），以及《重訪全球化及其不滿者》（*Globalization and Its Discontents Revisited*, 2017，原版《全球化及其不滿者》乃於2002年出版）。前者集中討論國家層面的改革，而後者則討論國際層面（特別是國際貨幣組織和世界銀行）所需的變革。

4.3 管理主義的陷阱

「新自由主義」的為禍不獨限於經濟的層面，除了貧富懸殊和上述的「漂流階級」外，由此而衍生的「管理主義」（managerialism）對社會的貽害也極為深遠。

始作俑者是戴卓爾夫人於上世紀八十年代初所推行的「公營機構改革」（public sector reform），其指導思想是：因循守舊、效率低下的公營機構，必須向一切講求效率和成本效益的私人企業學習。為此，我們必須為所有事項訂立客觀可量度（objectively measurable）的目標和成果，其間還要進行不歇的監察、檢測和評核。

同一時期，商界的管理模式也起了一場革命。為了對抗甚為成功的「日本式管理」帶來的衝擊，美國管理學界的「創新理論」層出不窮，而各大企業的CEO也各出奇謀以提升公司的業績，從而吸引資本家的青睞（而CEO的薪酬也像火箭般飈升）。其中最著名的一個，是「通用電器」（General Electric）的總裁傑克·威爾許（Jack Welch）。他以大幅裁員（美其名為「精簡架構」streamlining）來「提升競爭力」的做法，被其他公司爭相仿效。同樣被仿效的，是他以每年必須經過評核檢討來制訂的「績效工資」（performance-related-pay）制度，以取代傳統的加薪機制（即取消了固定的薪級表），更要求轄下部門主管每年把10%較弱的員工開除（而不論員工的絕對表現為何），目的是「汰弱留強」和

令所有員工永遠都處於戰戰兢兢的最高戰鬥狀態（英文的所謂 keeping everybody on their toes）。

這兒，我們再次遇到「個體理性等於集體非理性」的悲劇。對於某一企業來說，上述的「精瘦而刻薄」（lean and mean）的做法確有可能在短期內提升公司的競爭力，但假如所有企業都這麼做，社會上便會充滿著沒有安全感、沒有歸屬感、沒有社群精神、以及充滿焦慮、不安、冷漠和怨憤的人，最後這個社會會因此而付出沉重的代價（包括酗酒、濫藥、癡肥、家庭暴力、犯罪率上升、精神病發率上升甚至隨機殺人等慘劇）。

更令人慨歎的是，在企業內僅餘的人情味也被扼殺殆盡的同時，管理層卻高調地提出「願景、使命、價值」（Vision, Mission, Values）等崇高的宗旨，以及「關愛機構」（caring organization）等漂亮的說詞。跟殘酷的現實對照起來，這可說是現代文明最虛偽的一種表現。

很不幸地，這股「管理主義」的歪風已不獨限於商界，而經已延伸至各種公共事業的領域，其間包括政府部門、各種公營機構、教育界、學術界、文化界、體育界甚至宗教界和慈善團體。面對這股浪潮，人類所有活動領域幾乎無一倖免。

管理主義的主旨是：「任何事情都可以被管理，而任何可以被管理的都必須被管理」（英文是 "Everything could be managed." 以及 "Whatever could be managed SHOULD be managed."）結果是，我們不但有「工商管理」學位，還有項目管理、客戶關係管理、文化事業管理、藝術創作管理、學術研究管理、體育事業管理、夫妻關係管理、親子關係管理、

時間管理、投資管理、健康管理、情緒管理、衝突管理、自我形像管理等等充斥於社會每一角落的話題和書籍，甚至是打正旗號收取學費的課程。結合上文的分析，這是「新自由主義」下「將一切付託給市場」、「市場是最聰明的」、「將所有事物都變成『一盤生意』」、「將社會當作一個企業來管治」、「效率和業績決定一切」等指導思想下的邏輯結果。

但怎樣才算是「管理」呢？在「科學化管理」的旗號下，是要求把所有事情都客觀化（objectification）、量化（quantification）、目標化（target-based）以及標準化（standardization）、程序化（proceduralization）、操作化（operationalization），而所有不能被如此表徵和規限的事物，都被認為是落伍和不科學的。結果，無論是老師和學生之間的關係、醫生和病人之間的關係、還是社工和受助人之間的關係……統統都逃離不了這種思想宰制。

要顯得追上時代，我們現時做任何事情都必須強調「基準判定」（benchmarking）、「關鍵績效指數」（key performance indicators）、「具體付交成果」（deliverables）、「增值成份」（value-addedness）、「影響評估」（impact assessment）等元素。其間最核心的一項元素是「評核」（assessment/evaluation）。今天，任何一場話劇或音樂會的場刊裡都會夾著一份「意見調查」（evaluation questionnaire）；學校老師的表現如今要透過「學生評價」（student evaluation）來決定；學術論文的價值則要由它的「援引指數」（citation index）和「影響指數」（impact factor）來確立；課程則要根據「成效為本」（outcome-based）的要求來設計。此外，所

有事情都要進行「強、弱、危、機」的態勢分析（SWOT analysis）、符合「質素保證」（quality assurance）機制的要求、也要提交「三年（甚至五年）計劃／預算」和不斷進行進度檢討等等。

筆者並不否定管理學的價值，但過去數十年的「管理主義」浪潮顯然已經走火入魔。它為各行各業的員工帶來了巨量的額外行政工作（永遠也交不完的評核報告），也帶來了沉重的精神壓力。學校老師因工作壓力過大而自殺在人類歷史上屬鮮見罕聞的，但在號稱高度文明的今日世界卻時有出現，這不締為現代文明的悲哀。

事實上，「意見調查」和「專業評核」已經成為了我們新的宗教。但很多時候這已變成了一場勞民傷財甚至自欺欺人和誤導公眾的把戲。只要回想零八金融海嘯前夕，國際金融評級機構如穆迪、標普等對雷曼兄弟和AIG等的AAA專業評級，便知這是何等的騙人的一回事。

從歷史的角度看，管理主義其實是將一百年多前的「泰勒主義」（Taylorism）和「福特主義」（Fordism）等「工序優化分析」由體力勞動（藍領階層）涵蓋至腦力勞動（白領階層）的一種玩意，是「新自由主義」把社會學家韋伯（Max Weber）所指的「工具理性」（instrumental rationality）發展到極至的一頭非人化（de-humanizing）的吃人怪物。在貧富懸殊加劇和人們工作壓力大增的背景下，這種發展只會導致形式主義和機械主義，進而挫折了人的自發性、創意和積極性，使人變得憤怒、冷漠、欺世、虛偽。

近年，網上流傳著一則「訃聞」，但它所悼念的不是一個人，而是一樣我們叫「常識」的東西。細看這篇「訃聞」，可以使我們領略到人類

正身處一何等思想混亂的時代。

今日我們在這一起悼念一位老友：「常識」；

他的享年歲數不明，因為出生紀錄已被官僚體系埋沒；

但我們永遠記得「常識」對社會有無數的奉獻，例如：

—— 下雨就知道要躲雨

—— 早起的鳥兒有蟲吃

—— 人生並不總是公平的

—— 也許這是我的錯

「常識」生活原則簡單，

例如財務管理的基本方法（不能支出大於收入），

或是可靠的生活策略（每人必須為自己負起責任，小孩除外）；

當專制的法規被合理執行，「常識」的健康快速衰退；
一名六歲男童被告性侵，只因為他吻了一名同學；
或一名青少年被處罰停學，只因為他堅持午餐後要用漱口水；
或一名老師被學校開除，只因為他譴責一名鬧事的學生；

「常識」的病狀跌入谷底，
當父母沒有履行自己的教育責任，卻責怪老師過渡管教孩子；

「常識」進入昏迷狀態，
當老師需獲得家長的許可，才能讓孩子擦防曬油，或吃阿斯匹林
減緩頭痛；卻不能告知家長：孩子懷孕了，甚至考慮墮胎；
「常識」失去生存意志，
當教會商業化；
當罪犯得到比受害者更好的保護；

「常識」失去判斷力，
當一名小偷成功起訴屋主對他有暴力行為；

最後一根稻草，讓「常識」閉上了雙眼，
是當一名女士沒注意手上熱騰騰的咖啡，而不小心把咖啡打翻在

自己腿上時，可以成功控告餐廳的疏失，並獲得一大筆賠償；

「常識」還在世的家屬：

父母「真相」與「信任」、妻子「謹慎」、孝女「責任」、孝男「道理」

以及 五名異父兄弟

—我有我的權利

—我現在就要

—這不是我的錯

—我是受害者

—只要你付我錢一切都好辦

沒人參加「常識」的葬禮，因為沒人發現他已逝世；

如果你還記得他，請轉發這則訊息；

如果你不認識他，不用理會這則訊息；

阿門！

要分析這篇「訃聞」的思想內涵，可以寫成一本專書。筆者在此只想指出：（1）撰寫這篇文章的人，在西方的政治光譜上屬於「保守派」（在英國是保守黨，在美國是共和黨），而它是衝著「進步派」（the Progressives）和「自由派」（the Liberals）（在英國是自由黨，在美國是民主黨）的思想而撰寫的（較明顯的例子包括「人生並不總是公平的」、「每人必須為自己負起責任」這些典型的「右派」論述）；（2）它所揭示

的種種「有悖常識」的做法其實有著眾多而複雜的根源，其中一些確與「左派」（更進一步說是「左膠」）思想有關（其中不少涉及所謂「政治正確主義」political correctness）；但十分諷刺的是，其中不少卻是由撰文者所傾向的「右派」思想，亦即由我們至今分析的「新自由主義」和「管理主義」歪風所造成。簡單而言，就是當我們把眾多「社群規範」（social norms）以「市場規範」（market norms）取而代之、並以「利益計算」來取代「人情味」、以形式化的「規範」、「程序」和「指標」來取代「直觀」和「常識」，人的自主性和責任感，以及人與人之間的基本信任等便會逐漸消失，而訃聞中的荒謬情況便會一一出現。這些都是「管理主義」泛濫的惡果。

歷來，不少有心的企業家（特別是年輕一輩）都想發展出一套更為「人性化」的企業管理方式，其間亦獲得一定的成績。可惜，這些方式最後也敵不過「資本的衝動」，因此也無法成為主流。

總括而言，人類自作聰明地發明了這套「管理主義」遊戲規則，就像發明了一種超級有效的挖土方法，如今是很成功地挖了一個大坑，卻發現自困其中無法跳出來。展望將來，我們是否有辦法扭轉這種發展趨勢呢？繼「農業陷阱」和「資本主義陷阱」之後，「管理主義陷阱」是我們在考察「人類的前途」這個大哉問時必須正視的問題。

4.4 ▶ 共融圈的 擴大

人類當前處境（之二）：「新右回朝」與「共融圈」的擴大

在考察「人類當前處境」的過程中，從「環境生態危機」到「新自由主義席捲全球」，我們似乎都在強調人類如何「誤入歧途」而且愈行愈遠。但回顧第二章的「人類第二次啟蒙」和第三章「人類歷史的轉捩點」中列出的35點，我們亦清楚看出，「文明躍升」之稱為「躍升」，確實因為其間包含了很多令人振奮的進步成分。

除了平均壽命、識字率和物質生活享受的大幅提升以外，我們在此更關心的是精神文明的躍升。以下列舉的重點，有些前文曾經提及，有些則未有提過。它們包括：

1. 人類一半的解放：筆者指的當然是女性的解放。平均來說，今天婦女的境況包括社會地位、經濟地位、政治權利等，比起一千年前、五百年前甚至只是一百年前，改善實在不可以道里計。 我之說「平均」，是因為即使到了今天，不同國家（及不同階層）之間的情況可以差異頗大。此外，即使在先進國家，所謂「男、女平權」也未能徹底實現（從2017年發源於美國的"MeToo"運動可見一班）。我們在很多方面仍是「革命尚未完成，同志仍需努力！」；

2. 奴隸制度和種族歧視的取締：前者當然是十九世紀的一項偉大成就。但從上世紀六十年代於美國展開的「黑人民權運動」到近年的「黑

— 121 —

人的命也是命」（"Black Lives Matter!"）的維權運動可以看出，要達至真正的種族平等，是一個如何艱辛和曲折的過程。南非的種族隔離政策（apartheid）雖然在1994年正式結束，但之後黑人的社會地位和經濟境況仍然遠遠遜於白人。

但無論怎樣的「尚未完成」，今天已經沒有人膽敢公開宣稱「女人比男人低劣」和「有色人種較白人低劣」，亦即「女性歧視」（sexism）和「種族歧視」（racism）已經被視為「不文明」的表現，這當然是文明的一大進步。

3. 世俗化與各大宗教的共融：這兒可分為兩個層次。第一個是「世俗化」（secularisation）的趨勢，亦即「宗教的歸宗教、世俗（政治、社會、文化……）的歸世俗」這個原則，而一個人不會因為自稱「無神論者」（atheist）而受到社會的迫害。第二個層次是信仰上的自由，亦即每人皆可自由地選擇他所信仰的宗教而不受歧視和迫害，而宗教之間不得互相攻擊。（留意「宗教共融」在歷史上其實並不新鮮，中國數千年來皆包容不同的宗教；此外，很多人也許不知道的是，信奉伊斯蘭教的奧圖曼帝國（1299-1922）也充份容許信仰自由。）

與「女性壓迫」和「種族壓迫」一樣，「世俗化」和「宗教共融」當然也是有待貫徹的理想。過去七十多年來，由於以色列國的成立、石油的爭奪、西方（主要為美國）的軍事干預、地緣政治上的爭霸等種種原因，導致中東地區烽火連年生靈塗炭，而由此引出的極端伊斯蘭恐怖主義（Islamic extremist terrorism，以自我犧牲和襲擊平民為主要特徵，2001年的「9/11」襲擊是規模最大的一個例子），以及白人基督徒的仇恨

襲擊行為（例子之一是2019年3月在紐西蘭基督城清真寺導致51人死亡的槍殺事件）等等可怕的發展，往往給人們一個強烈的感覺，就是源於宗教分歧的「文明衝突」是愈趨激烈甚至無可避免。

在筆者看來，這是一種誤解。「宗教共融」是人類發展的大趨勢，至於恐怖主義，主要是西方的政治、經濟和軍事侵略和壓迫下所引出的惡果，與宗教其實沒有必然關係。不錯，一些伊斯蘭國家的世俗化步伐確實遠遠落後其他國家，但比較一下同樣信奉伊斯蘭教的印尼和沙地阿拉伯，便知這與宗教信仰沒有必然關係，亦即一個信奉伊斯蘭教的國家（如印尼）也完全可以走上「世俗化」的道路。

4. 戰爭的規範和酷刑的取締：與上述的發展相比，這項「進步」更是充滿著挫敗甚至倒退。自從飛機的發明以來，空戰的出現已經將戰鬥區和非戰鬥區的分別完全打破，而大量平民百姓被置於「空襲」的恐怖之下。1925年的《日內瓦議定書》（Geneva Protocol）雖已訂明禁止化學和生物武器，但這沒能阻止納粹德國採用毒氣進行種族滅絕、日本皇軍在中國東北進行的活體細菌實驗、美國在越戰時使用「橙劑」毒藥和燒夷彈、及近年敘利亞戰爭中出現的白磷彈等。此外，《議定書》也規定要善待戰俘和不得使用酷刑，但也無法阻止美國在「反恐戰爭」中使用「水刑」（waterboarding）等迫供手段。

即使如此，酷刑迫供或「苦打成招」已不為文明世界所接受，之所以美國的「水刑」和中國的「招供錄像」（普遍被懷疑在嚴重脅迫下所作出）受到了如此猛烈的批評。

總的來說，無論是戰爭時期的戰俘，還是和平時期的一般罪犯，

其待遇比起五百或一千年前已有很大的改善。在很多國家，在囚人士在國家進行大選時也擁有投票權，而不少社會亦在囚犯刑滿獲釋後盡量幫助他們重新投入社會。

5. 性解放運動：性解放運動的內容，不單是容許人們在公眾場合的衣著更為暴露性感、熱戀中的人士可以公開作出親熱行為、規範色情媒體（包括電影中的性愛場面）的尺度不斷放寬、容許性用品商店的成立、默許婚前性行為、成立受法律保護的紅燈區等等，它一項最重要的成就，是對不同性取向人士（即具有同性戀或雙性戀傾向或跨性別的 LGBT 人士）的包容，及至承認同性婚姻的合法地位。（美國總統奧巴馬於2015年確立同性婚姻的合法地位，是這方面的一大里程碑。）此外，它也包括了對性工作者的免受歧視和受到法律保障。

6. 對傷殘人士、弱智人士、精神病患者的包容：包括消除對上述人士的種種歧視，並由政府和志願團體幫助他們盡量融入主流社會。其中一個突出的成就，是始於1960年的「傷殘奧運會」（Paralympic Games）。

7. 對動物的保護：達爾文曾經說：「對動物的愛護與關懷，是人類一種最高尚和珍貴的情操。」過去百多年來，人類在這方面的進步和「作孽」是同樣突出的。先說進步，雖然步伐和程度不一，世界不少國家都訂立了防止虐待動物的法例。此外，隨著「反對動物活體解剖運動」（anti-vivisection movement，實於十九世紀末便已開始）的推展，各國都先後禁止了這類實驗；而以動物作科學甚或商業研究（如發展新藥和美容技術）而進行的實驗，亦受到愈來愈嚴格的限制，關鍵的原則是，即

使這些實驗無可避免，過程中也要確保動物所受的痛楚減到最低。

　　隨著「動物權益」（animal rights）的意識日漸高漲，人們對「娛樂性狩獵」（recreational hunting）以及馬戲團和動物園的運作為動物所帶來的痛苦，也作出了愈來愈嚴厲的評擊。結果是，踏進廿一世紀不久，以動物表演招徠的馬戲團成為了歷史陳跡，而殺人鯨甚至海豚的表演亦漸次在世界各地的海洋公園絕跡。在動物園方面，被囚動物的居住環境在動物權益推動者的壓力下不斷作出改善。

　　就筆者執筆其間，一個國際性的「大猿人格地位爭取運動」（Great Ape Personhood Movement）正在展開，其最終目的，是為大猿（褐猩猩、大猩猩、黑猩猩、倭猩猩）爭取到法律上的「人格」地位（legal

personhood）。如果這個運動成功，大猿的捕捉和禁錮都會成為非法行為，而動物園裡的所有大猿都必須獲釋。

　　既然人類在保護動物方面取得了這麼大的進展，為什麼筆者又說「作孽」甚深呢？這與過去一百年左右的畜牧業急速擴展和操作企業化有關。隨著世界人口不斷上升和社會的富裕程度增加，人們對肉食的需求急速上升（佔了世界人口五分一的中國是最明顯的例子；當然中國人的平均肉食量迄今仍與美國人的相差甚遠）。結果是，傳統的放牧形式（以雞隻來說就是我們一般說的「走地雞」）被規模愈來愈龐大的集約式飼育場（feedlots）所取代：為數極其龐大的牲畜（雞、豬、牛……）被囚禁在極擠迫極惡劣的環境之中飼養。為了令牠們盡快長大長肉，

牠們被注射大量的生長激數；而為了防止各種疾病在如此擠迫的環境中爆發和蔓延，牠們又被注射大量的抗生素。牠們不少一生中也未見過天日（更不要說父母親），一些則因為體重增加過渡而雙腳不勝負荷壞死……

人類的作孽是，一方面全球野生生物的數量正不斷下降，另一方面受到上述不人道對待的動物數量卻不斷上升。按照最新的估計，人類現時每年為了食用而宰殺的動物（不計漁獲）達到700億頭之多（即等於全球人口的9倍多），而這個數字還在不斷上升。

另一方面，「素食主義」（veganism）近年在世界上甚為流行。在人類歷史上，奉行素食主要因為宗教原因，但今天卻主要因為：（1）追求健康、（2）抗拒殺生和（3）保護環境（如「少吃牛，救地球」的呼籲）。可惜，這個潮流主要出現在已發展的國家，面對超過人類三分之二的發展中國家的需求，其影響可說微乎其微。

要減低人類的「作孽」，也要阻止畜牧業不斷膨脹導致的生態崩潰（如巴西政府容許企業大幅摧毀亞馬遜森林以作為養牛場），人們提出了兩種建議，一是徵收「肉食稅」，二是發展「人造肉」，後者既包括了較傳統（但效果愈來愈迫真）的以植物製成的人造肉（plant-based meat），也包括了透過幹細胞技術（stem cell technology）所「培育」出來的肉塊（lab-grown meat）。未來的發展如何，我們還需拭目以待。

好了，讓我們回到「精神文明躍升」的角度。如果我們把其間的挫敗暫時放置一旁，而將上述第一到第七點的成就綜合起來，我們可以歸結出一個共通的主題，這便是人類「共融圈」的不斷擴大。

什麼叫「共融圈」呢？簡單來說便是由「自己人」組成的圈子。誰是「自己人」？最先是有親密血緣關係的人如父母、子女以及配偶，然後是由此擴大至延伸的家族（extended family）。在仍然以「採集——狩獵」為主的原始社會，這個圈子一般只有十數至數十人。

　　在園甫式耕種（garden farming）出現後，這個「共融圈」擴大至由數十至數百人組成的小村落。而在大規模農業出現之後，這個圈子進一步擴大至由數百到數千人組成的村莊甚至小鎮。

　　這兒要澄清的一點是，所謂「共融」並非表示彼此之間沒有矛盾和紛爭。我們都知即使在同一家族，各人以至各個核心家庭（俗稱各「房」）之間的爭權奪利勾心鬥角可以十分激烈。但總的來說，這些鬥爭

會受到族人所大致服膺的倫理道德所規範，而最後往往會由最高的決策者（一家之主、族中長老、酋長、村長……）來化解，而絕少會演變成為大規模流血衝突。

與「共融圈」對相的就是「非我族類」：在圈內的是「我們」（Us），在圈外的是「他們」（Them）。而所謂「非我族類，其心必異」，對於「他們」，我們必須時刻心懷戒備，因為對方「亡我之心不死」。尤有甚者，我們往往會把這些「異族」歸類到「次於人類」（sub-human）的等級，因此我們平時服膺的道德戒律無需應用到他們身上。不用說，這種把對方貶為「次人類」甚至「非人類」的做法是人類惡行的一大泉源。一個典型的例子，是納粹德國屠殺猶太人時，把猶太人稱為「老鼠」和「害蟲」；另一個例子是在 1994 年的盧旺達大屠殺中，胡圖族（Hutu）將被屠殺的圖西族人（Tutsi）統統稱為「蟑螂」。

「我們」和「他們」的分野是人類歷史的一大主題。這個分野可以基於不同的「圖騰」（部落）、不同的生活習尚、不同的語言、不同的種族（膚色）、不同的宗教信仰（如基督教和伊斯蘭教）、不同的性別（「女性是次等的人類……」）、不同的性取向（「同性戀人是妖孽……」）、不同的物種（「動物沒有知覺……」）等等。

哲學家梁漱溟十分扼要地說：「人類自古以來，總是在自己圈內才有情理講，在自己圈外就講力。……然而人類文化愈進步，這圈愈放大。」「共融圈」的不斷擴大當然令人鼓舞，不過他又說：「惟這圈之放大，通常很少出於自動之一視同仁，而寧多由對方之爭取而得。」的確，無論是奴隸制度的推翻、婦女解放運動、民族解放運動、不同性

取向的平權運動還是動物權益運動，都必須經歷曲折和艱辛的爭取過程。

上述的最後一項當然並非直接由受迫害者（即動物）爭取，而是由有心的人類代勞。澳洲哲學家彼得‧辛格（Peter Singer）於 1975 年發表《動物解放》（*Animal Liberation*）一書，是動物權益運動的先驅之一。他於 1981 年發表的《不斷擴展的圈子》（*The Expanding Circle*）明確地指出，人類將「共融圈」擴展至其他生物，是人類文明躍升的一項重大標誌。其實，早於 1957 年，著名科幻小說作家克拉克（Arthur C. Clarke）便在小說《海淵深處》（*The Deep Range*）這樣寫道：「在茫茫的宇宙之中，人類終有一天會遇上比他更強大、更聰明的族類。那天來臨時，人類將會受到怎樣的對待，很可能將決定於他如何對待地球上的其他生物。」

即使我們還未遇上外星人，就人類的前途而言，一個最為關鍵的問題是，人類的「共融圈」將會不斷擴展下去，還是會因為「我們」和「他們」之間的對立而遭遇重大挫折呢？這便把我們帶到以下的主題：國族之間的爭霸。

5.1 國族鬥爭 與戰爭之源

　　歐洲諸國於十七世紀中葉簽署的《西發利亞和約》（Westphalia Treaty），成為了「主權國」（sovereign state）和「國際法」（international law）的法理基礎。當然，這沒能阻止往後國與國之間因為利益衝突而爆發無數大大小小的戰爭（包括拿破崙差點便雄霸歐洲的征伐）。

　　踏進二十世紀不久，就在不少人以為人類已經進入一個物質富饒和文明進步的新紀元之際，卻爆發了空前慘烈的「第一次世界大戰」（稱為「世界大戰」當然是「歐洲中心論」的一種誇大之詞）。戰爭結束後，於「巴黎和會」後成立的「國際聯盟」（League of Nations），是第一個以維護世界和平為主要任務的國際組織。然而，由於戰勝國對戰敗國的過渡壓迫和苛索，最後導致納粹德國的崛起和第二次世界大戰的爆發（一場名符其實的「世界大戰」），「國際聯盟」與它追求的理想於是灰飛煙滅。

　　二次大戰後成立的「聯合國」（United Nations），是人類追求世界和平的第二次嘗試。在一方面，由於第三次世界大戰迄今未有發生，聯合國的任務可說成功。但在另一方面，因為以色列國成立帶來的「以、阿戰爭」和及後無休止的「以、巴衝突」、加上韓戰、越戰、兩伊戰爭、拉丁美洲的眾多軍事衝突、波斯尼亞戰爭、兩次由美國發動的伊拉克戰爭、阿富汗戰爭、敘利亞戰爭……還有柬埔寨、盧旺達、蘇丹等地的種族屠殺等等，顯示聯合國對遏止地區性的戰事無能為力，因此也可以說

是完全失敗的。

　　不少學者更指出，迄今之所以未有第三次世界大戰爆發（特別是美國和蘇聯之間於戰後的「冷戰」沒有升級為「熱戰」），與其歸功於聯合國的努力，不如歸功於核子武器那種「玉石俱焚」的阻嚇作用。要不是這種阻嚇，1962年的「古巴飛彈危機」早已將人類推向大戰的深淵。

　　世上第一個共產主義政權蘇聯於1991/92年解體，持續了四十多年的美、蘇爭霸終於告一段落。曾經有一段時間，人們以為世界和平在望。美籍日裔學者福山（Francis Fukuyama）於1992年發表了《歷史的終結與最後一個人》（*The End of History and the Last Man*）一書，其中樂觀地宣稱，經歷了共產主義與資本主義兩大陣營在二十世紀的激烈較量，資本主義經已全面獲勝。由於資本主義所包含的自由民主（liberal democracy），代表了人類文明追求的最高境界，因此資本主義的勝利，標誌著人類的歷史已經抵達終站，而未來的歷史，將只會是這一主題之上的一些變奏罷了。

　　然而，差不多在同一時期，另一位美國學者卻有截然不同的看法。亨廷頓（Samuel P. Huntington）是哈佛大學一位政治學教授。1993年，他在學術期刊《外交事務》（Foreign Affiars）之上發表了一篇名為《文明的衝突？》（The Clash of Civlizations?）的文章，迅即引起學術界的廣泛討論。1996年，他把這篇文章擴展為《文明衝突與世界秩序的重建》（*The Clash of Civilizations and the Remaking of World Order*，又簡稱《文明衝突論》）這本書，把有關的爭議帶到更廣闊的層面。

　　如果説福山是樂觀主義者，那麼亨廷頓無疑是一個悲觀主義者。

按照他的觀點，共產陣營和資本主義陣營的對壘屬於一種「意識型態的鬥爭」（ideological struggle），而這在人類歷史中屬於「例外」而並非「常規」。隨著這種鬥爭的終結，我們迎來的將不是「歷史的終結」，而是返回傳統的「文明衝突」的軌跡。

在他看來，現今世界主要由三大「文明圈」構成：以西方為主的「基督教文明圈」（Christian civilization）、以阿拉伯世界為主的「伊斯蘭文明圈」（Islamic civilization）以及以中國和周邊國家為主的「中華（儒家）文明圈」（Sinic civilization）。由於這些文明圈抱持的核心價值各有不同，而在地緣政治上亦有利益上的衝突，所以未來的世界仍將是一個爭鬥不絕的世界。

最初，上述兩派的觀點各有擁護者，支持福山的人甚至提出了世界將於美國這個「獨一超強」（sole superpower）的統攝下，達至一個類似「羅馬帝國和平」（Pax Romana）的「美利堅帝國和平」（Pax Americana）。但 2001 年 9 月的「9/11」恐怖襲擊，將這個美夢敲得粉碎。人們開始意識到，廿一世紀的動盪，有可能較二十世紀的不遑多讓。「文明衝突」而非「歷史終結」成為了主流的論述。

福山和亨廷頓之間究竟誰是誰非呢？戰爭的成因是如此的複雜，任何簡單的解釋都會有如瞎子摸象，各執一詞。但為了探討人類的前途，筆者甘冒「瞎子」的批評，嘗試將導致戰爭的原因歸納為以下五大項。要特別指出的是，這五項原因並非各自獨立，而往往互相重疊互相影響的。

第一項是傳統的地緣政治鬥爭（geopolitical struggle），這是歷來戰

爭的主要原因。生物學家指出，在生存競爭的大前提下，動物大多有先天的「領土性本能」（territorial imperative），人類自也不會例外。有史以來，數之不盡的例子，包括傳說中的黃帝戰蚩尤、中國的春秋戰國、宋代的「遼宋夏金元」時期、阿歷山大帝的征伐、著名的「波、希戰爭」、羅馬與迦太基之間的布諾戰爭、蒙古帝國的征伐、奧圖曼帝國的建立和擴張等；也包括今天世界上仍然存在的邊界衝突（如中、印之間和印、巴之間的邊界之爭，或日本與俄、韓、中之間的島嶼之爭）。簡單地說，這類戰爭源於民族間因「開疆辟土」導致的衝突（過往的一大主線還包括遊牧民族和定居民族之間的衝突），其間可以跟特定的資源爭奪（如古代的女性、現代的石油）或宗教信仰（如爭奪聖城耶路撒

冷）有關，也可以跟這些因素完全無關。（廣義來說領土之爭即資源之爭，因為土地是一切資源的源頭。）

第二項是種族、文化和宗教所引致的鬥爭（文明衝突論），最著名的例子是穆罕默德的「以劍傳道」、十二、三世紀的「十字軍東征」（the Crusades）和歐洲的「三十年戰爭」（Thirty Years'War）等。留意筆者只是為了簡化而把上述的因素（種族、文化、宗教）歸納一起。原則上不同種族和文化的人可以和諧共處，而歷史上也確曾出現這樣的情況。但一旦民族間因種種原因爆發衝突，基於「非我族類，其心必異」的心態而將對方「非人化」，會帶來極其血腥和慘烈的殺戮，而宗教信仰上的差異這時便會有如火上如油（「把異教徒統統殺光！」Kill the infidels!）。相反來說，即使種族文化基本上一樣，因宗教信仰不同而產生的殺戮也可以十分慘烈，一個著名的例子正是以上所引述的、於十七世紀發生於歐洲諸國（文化同質性很高）的「三十年戰爭」（雖然其間也包含著傳統的地緣爭霸成份）。

第三種的戰爭是統治者與被統治者之間的戰爭，對壘的雙方可屬同一種族，也可來自不同種族。歷來的農民起義（陳勝、吳廣、黃巾之亂、李自成等）和美國的獨立戰爭、法國大革命、俄國革命等屬於前者；而羅馬帝國的奴隸起義、太平天國、二戰後眾多的民族解放戰爭（如同樣跟法國有關的阿爾及利亞戰爭和第一次越南戰爭）則屬於後者。（太平天國也包含了宗教的元素。）

至於第四項是意識型態的鬥爭（ideological struggle），這在人類歷史上屬新生事物，起源可追溯至馬克斯和恩格斯（Friedrich Engels）於1848年發表的《共產主義宣言》（Communist Manifesto）。簡單來說，共

產主義的擁護者認為資本主義是邪惡的,而要推翻這個制度,必須進行革命向資產階級奪權,然後才可進行徹底的社會改革。相反,資本主義的擁護者認為共產主義是邪惡的,因此必須用盡一切力量「扼殺於萌芽狀態」,並防止這種思想蔓延。結果,這種意識型態的鬥爭導致中國的國共內戰、美、蘇之間持續數十年的「冷戰」,以及由此衍生的「韓戰」、「越戰」和眾多的區域性「代理人戰爭」(proxy wars)。(不用說,其間也包含著重要的地緣政治爭霸成份,如國共內戰與楚漢相爭的本質類似、美蘇爭霸與英國和西班牙的爭霸類似等。)但正如福山所言,國與國之間的這種意識型態鬥爭已成歷史陳跡。(但另一方面,一國之內的「左翼」與「右翼」思潮和黨派之間的「意識型態鬥爭」卻是至今未有完結。在探討人類前途之時,這是一個極其重要的主題。)

第五項的原因,是上一章所闡述的「資本的衝動」。簡言之,利潤的競逐和資本的膨脹是市場競爭的硬道理,所謂「大魚吃小魚」,你不吃別人但別人會吃你,所以任何參與競逐的資本家(最高的表現形式是超級跨國企業和財團)都是「人在江湖,身不由己」。而要達至最大程度的「資本累積」(capital accumulation),資本家必須盡力爭奪 (1) 最廉價的原材料、(2) 最廉宜的勞動力,以及 (3) 最龐大的消費市場。由於這種爭奪基本上是一種「零和遊戲」(zero-sum game),因此是國族之間永遠無法和睦相處的深層原因。反過來說,也就是未來戰爭的火藥引。

可以看出,就上述五項原因而言,福山所強調的只是第四項,而亨廷頓強調的則只是第二和第一項。他們兩人都忽略了第五項所起的關鍵作用。

就筆者看來，在現今的國際形勢底下，已經沒有國家會認真考慮「開疆辟土」和吞併其他國家，但這並不表示第一項的「地緣政治爭霸」已經消失。今天國與國所爭的已不再是領土的重大改變，而是國際影響力及至宰制地位，之所以史家認為繼承大英帝國的不是「大美帝國」（American Empire）而是「美國霸權」（American Hegemony）。的確，二戰後美國沒有接收英國及其他西方列強的殖民地，因為一來有關的成本太大（兩次大戰令民族解放浪潮高漲），二來她已找到更好的統治方法，那便是透過「美元霸權」（American dollar hegemony）所實行的全球經濟和金融壟斷。聯儲局、華爾街、國際貨幣基金組織（IMF）、世界銀行等，都是幫助她實行這種壟斷的利器。

　　當然，美國的壓倒性軍事實力也是這種壟斷的強大後盾。美國人口不到全球的 5%，但她每年的軍費開支，是往後的二十個國家的總和，差不多佔了全球的一半。她在全球 150 多個國家設置了近 800 個軍事基地。她也是全球最大的軍火商，擁有最多的裝有核彈頭的洲際彈道飛彈（ICBMs）和大量先進的武器（巡航導彈、隱形戰機、無人機等）。她的七大航空母艦戰鬥群（實際擁有的航母達 19 艘）游弋於從北極到南極的各大海洋，從航母甲板起飛的超音速戰鬥機，可以在數十分鐘內出現於地球上任何一個國家的上空。

　　我們可能會問，美國並不打算攻佔任何國家，而世界上也沒有國家會膽敢攻擊美國，那麼她維持如此超強的軍力有什麼意義呢？答案當然是維持她的霸主地位，其中又以經濟霸權最為重要。中東的石油利益固然是其中的重要部分，同樣重要的，是美元作為世界貨幣的地

位。一些學者指出，伊拉克的前領袖侯塞因（Saddam Hussein）和利比亞的前領袖卡達菲（Muammar Gaddafi）之最終被殺，背後的原因都在於他們企圖擺脫「美元霸權」的宰制，而他們的處決，可以起到殺雞做猴的作用。（卡達菲之死表面看來最莫明其妙，因為他之前已經公開宣布放棄恐怖主義並跟西方修好……。）

總括而言，展望未來，對世界和平構成最大威脅的不是什麼「意識型態之爭」或無可避免的「宗教文明衝突」，而是「資本衝動」下的地緣政治爭霸。早於1917年，列寧便已在《帝國主義是資本主義的最高階段》（*Imperialism, the Highest Form of Capitalism*）一書中明確地指出，「資本主義全球化」的結果必然是帝國主義的擴張。列寧無法預見的，是民族解放運動的成功，令全球國家數目由1917年至2017年間翻了差不多一番。由於舊式的殖民統治已被「新殖民主義」（neo-colonialism）的宰制所取代，一些學者因此認為，「美國霸權」不是傳統的帝國主義，而是一種「新帝國主義」（neo-imperialism）。但無論稱謂是什麼，它所帶來的戰爭風險是同樣真實的。

要留意的是，這種「資本擴張硬邏輯」下的「地緣爭霸」，往往披上了「民族主義」（nationalism）和「愛國主義」（patriotism）的華麗外衣。道理很簡單，要鼓勵一眾年輕人上戰場送死及殘殺素未謀面的陌生人，「捍衛民族的利益與尊嚴」顯然較「捍衛資本家的利益」容易推銷得多。結果是，「實現中華民族的偉大復興！」和「讓美國再次偉大起來！」（或「讓俄羅斯／印度／土耳其／法蘭西……再次偉大起來！」）等成為了最能鼓動人心的口號，而因為「要對抗外國勢力」所以「穩定

團結壓倒一切」，成為了專制獨裁政權實行高壓統治的最佳借口。

　　不少有識之士（如英國哲學家羅素）早便指出，「民族主義」是一種百害而無一利的過時觀念，應該被送到歷史的垃圾堆。第一次世界大戰時，羅素便因為反戰言論而被英國政府逮捕入獄。然而，民族主義的號召力是異常強大的。同樣於第一次大戰，德國革命家羅莎‧盧森堡（Rosa Luxemberg）曾努力呼籲交戰雙方的工人階級，拒絕為資本家之間的鬥爭而殺戮和送命，最後當然是徒勞無功。

　　簡單來說，「民族身份認同」是過去百萬年以來的「部落身份認同」（tribal identity）的延續，這種認同在生物演化的「群際競爭」（inter-group competition）中起著重大的作用。出現了不足一百年（以盧森堡的時代計）的「階級意識」（class consciousness），當然無法與它抗衡。

　　筆者不完全排斥民族主義和愛國主義，因為它們確曾促進不同民族的大團結和成就了輝煌的文明建設。然而，筆者堅持這些情感必須建築在「充份尊重和包容其他民族和他們的文化歷史」這個大前題之上。任何排他性的、狹隘的甚至唯我獨尊的「民族主義」都必須被堅決拒斥。就愛國主義而言，愛鄉土、愛同胞、愛自己的文化歷史……這些都是自然其然也值得推崇的情懷。但愛國絕不等於愛政權。如果政權做得不對，提出批評是愛國者應有之義。

　　在某一程度上克服了狹隘的民族主義和愛國主義的一項創舉，是「歐盟」（European Union）於1992年的成立。這是歐洲國家在經歷了數百年的戰亂和兩次毀滅性的大戰後，痛定思痛所決定走出的一步。從最初的12個成員國到2019年（本書執筆時）的28個成員國，每個國家雖然都保留著自己的憲政制度、法律和軍隊，但在經濟和地域上卻

是高度融合，其中包括取消一切關稅成為一個單一市場、有19個成員國採取同一幣制（歐羅，簡稱 Euro）、取消邊境管制以容許人民自由流動、居住和工作……等。而在外交上，歐盟亦以單一政治實體的形式來面對世界，從而增加了歐洲在世界事務上的話語權。可以這麼說，「歐盟」的出現，是上一章提到的「人類共融圈」不斷擴大過程中的一項驕人成就。

「歐盟」是否樹立了人類如何和諧共處的一個典範？如果人類繼續按照類似的方向發展的話，地球上二百個國家是否有可能最終融合成為一個「地盟」呢？

「歐盟」成立之初，不少人確有這樣的憧憬。但將近三十年過去了，樂觀的期望已大不如前。近年來，先有由「零八金融海嘯」引發的「歐債危機」、後有難民潮和英國的「脫歐」事件，都令「歐盟」受到很大的衝擊。

在外部而言，美國一方面依賴「歐盟」來牽制俄羅斯（特別是透過「北大西洋公約組織」），但在另一方面卻不想她強大起來，以挑戰「美國霸權」（特別是以「歐羅」挑戰「美元霸權」）的地位。

在內部而言，不少成員國內的人民都對布魯塞爾（歐盟總部所在地）的那班「歐盟」領袖甚為不滿，因為一來他們認為這些官員不是透過普選選出來（術語稱為「歐盟」的「民主虧損」democracy deficit 問題），所以並不真正代表他們；二來他們也覺得這些官員（以及「歐洲央行」）最終只是為了大財團大企業這些權貴階層服務，而不是為了普羅大眾的福祉服務。

「歐盟」之難以作為人類未來發展的一個典範，更重要的一個原

因在於，她的成員國在種族、文化、宗教、歷史上皆有著深厚的共同淵源。請試看看，無論彼此間曾經發生過多少次戰爭，宙斯、阿波羅、酒神、蘇格拉底、柏拉圖、亞里斯多德、希臘悲劇、羅馬律法、聖經、耶穌基督、伊索寓言、安徒生童話、米蓋朗基羅、達文西、但丁、莎士比亞、伽里略、牛頓、笛卡兒、康德、巴哈、貝多芬、柴可夫斯基、狄更斯、大仲馬、雨果、托爾斯泰……等等都是歐洲人的共同文化遺產。相比起來，世界上眾多民族間的文化和宗教迥異，要達至好像「歐盟」的一體化真的談何容易。

讓我們回到國族間的爭鬥之上，即使「歐盟」在短期內未必能夠成為人類發展的範例，但她在維護和平方面確實帶來了很好的啟示。讓筆者再次強調，現代世界已不存在「開疆辟土」和「國族兼併」的可能性，所以民族與民族之間完全沒有鬥個「你死我活」的必然理由。「民族主義」或「國家榮譽」之作為國族爭鬥的根源，只不過是「資本衝動」之下的幌子罷了。

對於這種「資本衝動」，歷史學家喬萬尼·阿歷奇（Giovanni Arrighi）是頗為悲觀的。在他的著作《漫長的二十世紀》（*The Long Twentieth Century - Money, Power and the Origins of Our Times*, 1994），阿歷奇深入考察了過去近六百年來的資本累積和戰爭爆發的關係之後，提出了「系統性資本累積周期」（systemic cycles of capital accumulation）必定以大規模戰爭作結這個發人深思的觀點。在他的分析中，資本主義崛興以來最少經歷了以下四個累積周期：

（一）自十四世紀末至十七世紀中葉：資本累積中心是意大利北部

的城邦（威尼斯、佛羅倫斯、熱那亞）【曾短暫地北移至比利時的安特衛普（Antwerp）】

（二）十七世紀至十八世紀末：資本累積中心是荷蘭的阿姆斯特丹

（三）十八世紀末至二十世紀初：資本累積中心是大英帝國的倫敦

（四）第一次世界大戰至今：資本累積中心是美國的紐約（三十年代初的經濟大蕭條只是一種「陣痛」）

接照阿歷奇的分析，每一次周期的完結，都是因為「資本過渡集中」（over-concentration of capital）和「過渡累積」（over-accumulation）所導致的過渡投資、生產過剩和利潤率下降等危機所引發的。結果是經濟迅速金融化（financialization of the economy）和泡沫化。而徹底解決的方法，是透過大規模的戰爭來消滅過剩的資本（包括人口、廠房、機器、信貸），以令資本累積的過程可以重新出發。在一般的歷史叙述中，這些大戰是列強爭霸的總爆發和更迭的過程，但在阿歷奇看來，背後實有其更深遠的結構性根源。

相對應於上述的累積周期，第一個周期的結束是「三十年戰爭」(the Thirty Years' War 1618-1648)，結果是荷蘭霸權的冒起。第二個周期的完結是拿破崙戰爭（the Napoleonic Wars, 1792-1815），結果是大英帝國的崛起。至於第三個周期的完結則是上世紀的兩次大戰（1914-1945），結果是美國霸權的崛起。

必須指出的是，上述乃是從最宏觀的角度看。在這些經濟大周期之內，其實還有不少中周期和小周期，例如由新科技新產業所導致的「康德拉捷夫周期」（Kondratiev cycle）和投資信心漲落所引發的「閔斯

基周期」(Minsky cycle) 等。

對於那些以大規模戰爭作結的長周期，阿歷奇還作出了一個很有意思的觀察，就是這些周期的時間有縮短的趨勢：第一個周期為時二百多年、第二個周期為時一百五十年左右、第三個周期則只是一百年多一點。我們現在身處的第四周期（以紐約的華爾街為累積中心）已經過了接近一百年，那麼是否表示周期接近完結呢？

縱觀零八金融海嘯之後的發展：美國政府接二連三推出「量化寬鬆」政策以剝削全世界、經濟「金融化」的步伐未有稍停、特朗普的上台和英國的「脫歐」、貿易保護主義的重新抬頭、中、美貿易戰（背後還包含著不見硝煙的金融戰、科技戰和信息戰）的白熱化、恐怖主義的持續、難民潮、氣候危機、到處出現的大規模示威抗議……所有這些都不能不使人想到：第四個周期是否正在接近尾聲？

但與以往的情況不同，人類如今已經掌握了可怕的核子武器。這是一個好消息也是一個壞消息。好消息是因為同歸於盡的可能性無疑構成了全面戰爭爆發的阻嚇力量（即所謂 nuclear deterrence）；而壞消息則是，一旦情況失控爆發第三次世界大戰，生靈塗炭將會達到空前的地步，而文明的大幅倒退將會令浩劫餘生的人長期生活於悲慘的境地。

香港資深報人林行止在 2020 年 2 月發表的一篇文章這樣說：「美國長期先使『未來沒有的錢』，結果只有來一場核戰才可以令債務化灰。」

愛因斯坦在第二次世界大戰之後不久說：「我不知道第三次世界大戰用的會是什麼武器，但我知道第四次世界大戰用的將會是木棒和石頭。」在核武的數量和威力大增的數十年後，他這個說法在今天只會更為適用。

5.2 ▶ 民主與專制的 鬥爭

　　以上說的是國際的層面，在國家的層面，二十世紀是擁有實權的世襲帝制（hereditary monarchy）全面退出人類歷史舞台的世紀。啟其端的是中國的「辛亥革命」，然後是俄國的「十月革命」。接著下來，由土耳其到伊朗到印度到朝鮮……經歷了二十世紀民族解放運動之後的帝制國家，絕大部分都摒棄帝制而選擇了憲政民主的道路。至於另一部分的國家（如十九世紀「明治維新」後的日本、二十世紀三十年代的泰國……），則選擇了民主先驅英國的「保留沒有實權君主」的「君主立憲」之路。（如果不是慈禧的阻撓，中國也應走上了這條道路。）

　　我們在第二章「人類的第二次啟蒙」一節看到，最先推行「君主立憲」而把國王的權力架空的是英國，而最先徹底推翻世襲帝制的，是1789年的法國。雖然法國大革命（「資產階級」向「貴族階級」的一趟奪權）之後，曾經出現過「恐怖統治」（Reign of Terror）和拿破崙的短暫復辟，但法國最後還是走上了民主憲政的康莊大道。相比起來，號稱以「無產階級革命」奪權而成立的蘇聯（1917）和中共（1949），卻都先後走上了專制的道路，而革命領袖和他們的幹部成為了新的統治階層（前南斯拉夫的共黨高層吉拉斯（Milovan Djilas）在覺醒之後，便以沉痛的筆觸寫了一本名叫《新階級》的書籍）。結果是，為了推翻壓迫卻帶來了更大的壓迫、為了取消特權卻帶來了更大的特權、為了追求公義卻帶

來了更大的不公義……這不啻是人類歷史上最大的諷刺與悲哀。

史太林的「大清洗」和西伯利亞集中營、毛澤東的「大饑荒」與「文化大革命」、柬埔寨波爾布特政權的種族大滅絕等，都完全背叛了馬克斯和恩格斯所追求的理想。但對絕大部分人來說，他們關心的當然並非什麼「背叛」與「不背叛」而是實際的效果。而這些效果，令「共產主義」蒙上了永不磨滅的污點。

一方面因為西方對蘇聯和「紅色中國」的「圍堵」策略成功（其間包括了不少第三世界國家在美國支持下的「剿共」軍事行動），另一方面也因為共產政權的惡行令世人產生抗拒，隨著蘇聯的解體，二十世紀的共產主義運動最後以失敗告終。

到了二十世紀最後的二、三十年，原則上政府領導人乃由普選（universal suffrage）產生的國家數目已幾近一半。人們曾經樂觀地預期，這種「民主化」（democratisation）的步伐會持續下去，直至全人類都步上「民主自由」的光明大道。不用説，上文提到的福山就是樂觀派的最佳代表。

事實卻是，民主體制的普及一開始便荊棘滿途，專制主義（despotism）的幽靈不但沒有消失，更是不歇捲土重來，甚至比過往更加強大更可怕。以下讓我們簡略回顧一下。

其中一個最大的失望，是不少人以為「改革開放」下的中國（人口佔世界五分之一），將會從「經濟自由化」（economic liberalization）邁向「政治自由化」（political liberalization）的這個願望徹底落空。人們發現，「經濟自由」和「政治緊控」原來是可以並存的（起碼直至筆者執筆

的 2019 年）。

　　此外，眾多號稱民主的國家，其實都只有「民主」之名而無民主之實，較突出的例子有號稱「朝鮮民主主義人民共和國」的北韓、「老撾人民民主共和國」的寮國、以及「剛果民主共和國」等。（但另一方面，這些國家名稱之包含著「民主」二字，說明起碼在理念上，「民主」已被公認為一種「文明」和「可欲」的東西，政權的講一套做一套又是另一回事。）

　　其間的一個弔詭是美國扮演的角色。正如我們在第二章看過，一些人以為美國因為硬要向全球「輸出民主」，所以招至強烈的「反美」浪潮，但事實卻較這種論述複雜得多。一方面，美國的確有大力扶助戰敗國（德國、意大利和日本）恢復經濟和建設民主制度；但另一方面，在大部分的「第三世界」新興國家裡，美國扶植的，往往都是一些專制但「親美」的政權，其中包括了南韓的朴正熙政權、台灣的蔣介石政權、越南的吳廷琰和阮文紹政權、菲律賓的馬可斯政權、印尼的蘇哈圖政權、巴基斯坦的軍人政權、沙地阿拉伯的利雅德政權、埃及的穆巴拉克政權、古巴的巴蒂斯塔政權、尼加拉瓜的索摩查政權、巴西的軍人政權等。而這些政權，不少都犯下了巨大的人道罪行。

　　尤有甚者，一些民選的政府若是不夠「親美」的話，美國會毫不猶豫地策動政變將它推翻。其中較著名的例子包括 1949 年的敘利亞、1953 年的伊朗（因為民選的政府想取回石油的國家控制權）、1965 年的印尼、1973 年的智利（因為民選的政府想取回銅礦的國家控制權），和2013 年的埃及等。

對於一些不肯順從美國的國家（中國和俄羅斯是表表者，其次是北韓和伊朗），美國的經濟和軍事霸權、以及在民主上「講一套、做一套」的作風，給予了獨裁者最佳的借口：「為了在國際上對抗美帝，大家必須支持國內的穩定團結」。筆者既稱之為「借口」，當然因為「專制統治」在這些國家中已有悠久的歷史，而不是因為什麼「對抗外敵」才出現的「新鮮事物」。具體地說，史太林之酷似「恐怖的伊凡大帝」（Ivan the Terrible），以及毛澤東之酷似專制殘忍的朱元璋，其恐怖統治都不是簡單一句「為了對抗外國勢力」可以洗脫得了的。

還必須留意的是，以上列舉的蘇俄和中共的專制，背後固有其文化上的「專制主義基因」，但另一方面卻已超越了傳統的專制，而發展成為一套更可怕的「極權主義制度」（totalitarianism）。這套制度和傳統專制的分別在於，傳統的帝制下固然有秦始皇的「偶語詩書者棄市、以古非今者族」的嚴刑峻法，但數千年來，大部分時候都是「山高皇帝遠」、「帝力於我何有哉」的境況居多。二十世紀的「新生事物」，是在「泛政治化」和「意識型態掛帥」的原則下，政府對人民既透過官方教育，復透過文化媒體（報刊、書籍、電台、電視以及後來的互聯網）的宣傳和監控，對人民進行大規模的、滲透性的洗腦、思想箝制以及滅聲行動。更有甚者，就是透過「連坐法」促使人民互相監視互相告發。這種「從搖籃到墳墓」的恐怖統治對人性的摧殘（特別在中國的「文化大革命」其間），是數千年來的帝制所望塵莫及的。中國「文革」時有好一段時間，誰人跟誰人結婚也要獲得黨幹部的批准。

以上我用了蘇俄與中共作例子，可能令人以為「專制極權」是共產

國家的專利，這當然大錯特錯。事實上，除蘇聯外，二十世紀第一個強大的極權國家是納粹德國（Nazi Germany），次之是法西斯的意大利（Fascist Italy），而它們是「右」的政權而不是「左」的政權。顯然，專制的邪惡無分「左」（傾向共產主義）或「右」（傾向資本主義）。後者的例子除了上述的德國和意大利之外，還包括西班牙的佛朗哥政權、伊朗的巴列維政權、印尼的蘇哈圖政權、智利的皮諾切特政權、巴西六十至八十年代的軍人政權、南韓的朴正熙政權、沙地阿拉伯的利雅德政權等。（一部揭露右翼極權是多麼可怕的電影，是 1968 年上映的《Z 大風暴》（英文原名就只是 Z），雖然電影中沒有說明故事發生在那兒，但

眾人皆知所指的是六十年代的希臘。）

　　不錯，一些國家如南韓、台灣、菲律賓、印尼、智利、巴西等經歷了曲折和艱辛的抗爭之後，最後也踏上了相對開放和民主的道路。但令人不安的是，踏進了廿一世紀，一些國家出現了「強人政治」和民主的倒退，其中較突出的有敘利亞（「強人」阿薩德）、土耳其（「強人」埃爾多安）、菲律賓（「強人」杜特爾特）、及至號稱「世界最大民主國家」的印度（「強人」莫迪）等，而泰國自「紅衫軍」和「黃衫軍」的一輪對壘後，迄今（2019年）仍然由軍人「臨時」執政。

　　中共堅持「一黨專政」而不走民主選舉的道路，似乎已經「退無可退」，事實卻是不然。自習近平上台後，集黨、政、軍大權於一身的他，已經打破了鄧小平為防止權力過分集中而建立的「集體領導」制度，其擁有的權力，遠遠超過了前任的胡錦濤和江澤民。2018年初，習近平更取消了國家主席「連續任職不得超過兩屆」的限制，為自己的終身統治鋪路。無怪乎有人已經把他稱為「習帝」。

　　蘇聯崩潰之後，歷盡艱辛終於走上了憲政民主之路。但不旋踵，政治強人普京（Vladimir Putin）出任總統，將民主制度玩弄於股掌之間，並強力打壓異見分子。其實，不少擁有選舉制度的第三世界國家，皆頻頻出現當權者操控選舉的情況。《經濟學人》雜誌於 2018 年對 167 個國家的民主程度進行評分，結果符合「充份民主」分類的國家只有 12%，其餘 32% 屬於「有缺陷的民主」、而被列為「專制政權」的國家有 31% 之多（其餘的則被列為「專制／民主混合型」）。

　　我們不需完全同意《經濟學人》的分類，但「民主化」乃「革命尚未

成功」是有目共睹的一回事。很多人都會把美國當作頭號「民主大國」（只是以國力計，如果以人口計當然是印度），但按照以上的分類，原來她只屬「有缺陷的民主國家」（印度也是），評分比奧地利、冰島或烏拉圭、毛里裘斯、哥斯達黎加等都要低。在以往，很多人（特別是美國人）會對這個分類結果有所質疑，但自從特朗普（Donald Trump）於2017年出任總統以來，相信不少人（特朗普的支持者除外）都會轉為傾向同意這個評價。人們不禁問：民主制度之下竟然可以選出特朗普這個充滿種族歧視和女性歧視並且否定氣候變化的「流氓總統」，那麼民主制度是否出了很大問題呢？對於專制國家的統治者，特朗普的出現當然是個天大的禮物。它們忙不迭向人民宣稱：民主選舉可以選出這樣的總統，你們還認為它是個好東西嗎？

　　同樣動搖著民主理念的，還有英國「脫歐公投」及由此引起的社會撕裂，以及眾多歐洲國家中「民粹主義」（populism）思潮的泛濫（以「排外」為主要特徵）和極右政黨的崛起。

　　宏觀地看，歐洲的民粹和極右思潮抬頭，其實都有著一個共同的根源，就是「移民潮」和「難民潮」為歐洲人民帶來的衝擊。

　　這兩股「人潮」既有重疊的地方也有不同的地方。先說移民潮，這主要源於西方社會的出生率不斷下降和由此導致的人口老化，結果是勞動人口不足和退休保障的財政負擔大增。在勞動力「求過於供」的情況下，工資必然會上漲而導致「利潤擠壓」（profit squeeze），而資本家必會強烈要求政府引入「外勞」，或甚至偷偷引入外地非法勞工（美國的墨西哥工人是明顯的例子）。移民數目過多自然會對當地居民做成各

種各樣的衝擊（最重要的當然是「飯碗被搶」和工資受壓，其次也有文化和宗教上的衝突），「反移民」的浪潮於是日益壯大。而特朗普正是乘著這一浪潮而當選的。

順帶一提的是，特朗普另一借勢，是強硬打壓「搶走美國工人飯碗」的中國，從而「令美國再次偉大起來」。但事實卻是，美國企業之把生產線搬往中國，是為了追求更廉價的勞動力。也就是說，「大量引入移民（外勞）」和「離岸生產」導致美國本土工業萎縮大量工人失業，歸根究底都是「資本衝動」所做成的結果。

至於難民潮，是因為自「茉莉花革命」以來，西方沒有切實地幫助各國的人民建立起真正自由、開放、民主的政權，反而因為石油利益、力撐以色列的鷹派政權、打擊伊朗、以及限制俄羅斯的勢力擴張等種種地緣政治的原因，繼續令中東（和北非的利比亞）陷入烽火連天的慘況（其中最慘烈的是叙利亞戰爭）。結果是數以百萬計的中東人民為了逃避戰火而逃離家園，不少更在途中（無論在陸地還是海上）喪命。

美國本土因為遠在大西洋彼岸而沒有受到難民潮的直接衝擊，但歐洲諸國則是首當其衝。在「歐盟」的體制下，各成員國在接收難民的數目和分擔援助難民開支方面，都沒有完全的自主權。一向因為英倫海峽的相隔而自覺高人一等的英國（雖是歐盟成員，卻始終不肯使用歐羅），正是在這樣的背景下出現「脫歐」的運動。而其中一句口號正是「取回控制權」（Take back control!）

由「反難民」到「反移民」到「種族歧視」到「白人（雅利安人）至上論」到「種族仇恨」的槍殺事件成風……納粹主義的幽靈再次在西方竄

動，這是極右思潮崛起的背景之一。另一方面，這種崛起亦有它的階級鬥爭背景。「新自由主義」導致的「零八全球金融海嘯」，令到不少人（特別是年輕一輩）醒悟到資本主義所包含的巨大不公義，結果於2011年，在資本主義帝國的心臟——紐約——爆發了「佔領華爾街運動」（Occupy Wall Street），並且提出了「我們是百分之九十九！」（We are the 99%!）這個口號。不用說這大大觸動了那「百分之一」（其實是更少）的超級權貴階層的神經。他們當然要不惜一切將這種危險的「左傾」思想壓下去。

2015年，「左翼激進聯盟」（Syriza）在希臘取得執政地位，令歐洲及至全世界的左翼人士大為振奮。但好景不常，財政上破了產的希臘為了獲得歐盟的債務援助，政府最後無法兌現競選時對選民許下的承諾（即建立一個更公平和均富的社會）。到了2019年，「聯盟」更在選舉中敗給中間偏右的「新民主黨」，曇花一現的「左翼實驗」劃上了休止符。

另一方面，人口達二億一千萬（希臘人口的二十倍）的巴西也出現「左退右進」的現象。2019年，右翼的波索納羅（Jair Bolsonaro）出任總統，推翻了自2002年以來的溫和左翼路線。而正如特朗普上任後宣布美國退出《巴黎協議》為人類在對抗全球暖化的事業帶來沉重的打擊，「右翼回朝」亦為巴西以至全世界的環保運動帶來噩耗。波索納羅以經濟發展為名，為大財團開發亞馬遜森林大開綠燈。資料顯示，至2019年中，森林被砍伐摧毀的速度較以往大了近一倍。在一方面，這會摧毀大量具有高度原生態價值的自然環境，並且令不少仍然隱居在森林而與世無爭的原住民部落遭遇滅頂之災；另一方面，亞馬遜森林是全

球最大的熱帶雨林，一向有「地球之肺」的稱謂，在吸收二氧化碳對抗全球暖化方面具有舉足輕重的地位。波索納羅的政府為了短期經濟利益而將它肆意摧毀，完全是一種自掘墳墓的瘋狂行為。（筆者執筆其間，亞馬遜森林多處皆出現空前嚴重的大火……）

總的來說，自廿一世紀伊始至今，無論是國際還是國內的發展皆令人握腕歎息。「新自由主義」所導致的「金融債務」和「生態債務」已經把人類推向極其危險的境地，但「金融海嘯」後的短暫醒覺，沒有令人類轉向類似北歐那種較強調「均富」和「可持續發展」的「民主社會主義」，世界反而被權貴階層的戰略家成功地引向了右翼的「民粹民族主義」（populist nationalism）的惡途之上。

在美國的傳統政治論述中，民主黨（Democratic Party）一向被認為是「中間偏左」（left-of-center），而共和黨（Republican Party）則是「中間偏右」（right-of-center），但過去數十年來，兩者在推行「新自由主義」政策方面可說沒有差異。同樣的情況也發生在英國，戴卓爾夫人固然屬於「右派」的保守黨，但屬於工黨（Labour Party，傳統上當然屬左派）的貝理雅（Tony Blair）

在1997年出任首相之後，在奉行「新自由主義」方面跟前朝根本沒有分別（部分學者更認為有過之而無不及）。希拉莉（Hillary Clinton）當然是「新自由主義」的忠實擁護者，她於2016年底的大選中敗給了共和黨的特朗普，是「新自由主義」被更激進的右翼權貴主義（卻成功地打扮成「為民請命」）所取代的一場黑色荒謬劇罷了。（一些有心人士人指出，備受年輕人支持的左翼參議員桑德斯（Bernie Sanders）如果年輕十歲並且脫離民主黨獨立參選，其實有可能打敗特朗普。可惜歷史沒有如果……）

今天，全世界的人民不斷為了對抗「左」的政治專制和「右」的權貴壟斷（oligarchy）而走上街頭。就在本書撰寫的2019年內，除了持續的「黃背心運動外」，爆發示威和社會動盪的國家和地區還包括俄羅斯、西班牙、智利、阿爾及利亞、黎巴嫩、伊拉克、伊朗、委內瑞拉、哥倫比亞、波利維亞、香港等。如果我們將抗議政府沒有全力對抗全球暖化危機的大規模遊行示威計算在內，地球上幾乎沒有一個國家能夠倖免。

顯然，民主與專制的鬥爭仍然是現代文明的一大主題。但迄今還有人（不少是有識之士）認為對民主的追求是虛妄的，甚至認為「民主是個糟糕的東西」。筆者願在此對有關的觀念再次理清一下。

在一方面，馬克斯曾經開宗明義地說：「民主是通向社會主義的康莊大道。」（Democracy is the road to socialism.）表示他十分支持民主。可另一方面，在資本主義制度之下，所有民主制度從根本上來說都是「假民主」，所以馬克斯對歐洲當時的民主制度是這樣評價的：「所謂民

主，只是每隔幾年，人民投票選出另一個繼續壓迫他們的人罷了。」

從政治經濟制度的層面來說，馬克斯沒有說錯，但從人民日常生活所享有的人權保障、法律保障、言論自由和公民社會（civil society）得以蓬勃發展的角度看，人類「第二次啟蒙」所建立的「民主制度」無論多麼「假」，仍然比「真專制」好得多。事實證明，只要人民可以作出選擇，他們都會（往往是「用腳來投票」）選擇「假民主」而捨棄「真專制」。

我們之前看過邱吉爾的名句：「如果沒有了專制，民主就是世上最糟糕的東西。」在更深刻的層次，在未完全擺脫資本主義之前，我們的任務必然是令「假民主」如何變得愈來愈「真」，而不是維護「真專制」而抗拒「民主化」的進程。

廿一世紀初出現的民主倒退可能令不少人心灰意冷，但我們沒有放棄的權利。我們不但要捍衛民主，還要以創新的精神不斷締造民主（包括如何利用互聯網來體現「直接民主」）。愛爾蘭學者居倫（John Philpot Curran）的名句是：「堅持不懈是自由的代價。」（Eternal Vigilance is the price of liberty.）同樣的道理也可應用在民主之上。（依筆者看，eternal vigilance 的最貼切中譯應是諸葛亮在《出師表》中說的「夙夜憂勤」。）

世上沒有完美的民主制度，而且可能永遠也不會有。從這個角度看，民主是一場沒有終結的實驗。在數學上，我們有「漸近線」（asymptote）的概念，亦即一條曲線無限地接近另一條線，卻永遠不會碰到它。對民主的追求也應作如是觀。

6.1 知識爆炸 與科技反噬

　　要考察人類當前的處境，當然不能不考察人類知識的爆炸性增長，以及科技突飛猛進所帶來的影響。

　　讓我們先看看知識的層面。隨便挑一個知識領域，無論是人類學、歷史學、考古學、社會學、經濟學、政治學、數學、物理學、化學、生物學、醫學、心理學、語言學、地質學、氣象學、海洋學、天文學、宇宙學、建築學、工程學⋯⋯人類知識在二十世紀的增長，都遠遠超過以往數千年的總和。

　　以一個簡化的指標來看，1900年全世界出版的學術期刊不足一百種，但到了2000年，已經超過了三萬種，而且至今仍在增加。按照2018年的一項估計，每年在這些期刊發表的學術論文，已經超過五百萬篇之多。假設我們把人類的「知識領域」細分為一千個之多（上一段只是劃分了二十個），即每個領域每年也有五千篇論文發表，那是任何人也無法看得完的。

　　今天，學術研究的過渡專門化（over-specialization）已經發展到一個令人憂慮的地步。有人曾經說，所謂「專家」，就是「對一個愈來愈微細的領域知道得愈來愈多的人。」（An expert is one who knows more and more about less and less.）為了抗衡這種「只見樹木不見森林」的趨勢，學術界近數十年來發起了「跨學科研究和整合」（transdisciplinary research and integration）的潮流，其間也取得了一定的成果。而在「資訊過荷」（information overload）的衝擊下，不少大學在課程設計中也愈來愈重視跨學科的「通識教育」（general education），以培養學生整合大量資訊並且融會貫通的能力。在筆者看來，這是我們必須繼續努力的方向，而且還有很多改進的空間。

知識的爆炸自有其內在的邏輯，因為知識的獲取是累積性的，而已有的知識正是打開更多知識寶庫的鑰匙。此外，知識之間的相互促進作用——又稱「協同效應」——是驚人的。以最簡化的一個觀點看，兩個連接點（node）之間只有一條連接線（link）、3個點之間有3條、4個點之間有6條、5個點之間有 20……10個點之間有 45條……而20個點之間已經有190條之多。顯然，「非線性遞增」正是知識增長的一大特色。結果，人類對萬物認識的深化和廣化呈現出指數式的增長，而十九、二十世紀正是這條指數曲線開始暴升的階段。

隨著知識爆炸而來的，是科技的突飛猛進。我們在第三章看到，過去百多年來，科技的進步大大提升了人類的物質生活；而出版、影視科技、廣播事業和互聯網等發展，亦將文學、音樂和戲劇等輕易帶到每一個人的跟前，從而大大地豐富了我們的精神生活。但所謂「水能載舟，亦能覆舟」，科技的發展永遠是一把雙刃劍。我們之前已經看過「文明反噬」之下的「農業陷阱」和「工業陷阱」，較具體來說：

- 火的失控和不當使用，可以導致大規模的財物損失和人命傷亡；
- 金屬的使用令戰爭的殺傷力大增；
- 印刷革命有助散播虛假和仇恨言論；

- 指南針開啟了醜惡的全球殖民侵略；
- 火藥（和及後的火箭、飛彈）的使用令戰爭的殺傷力大增；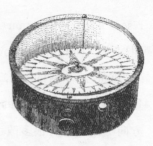
- 機器的大量使用（在工廠制度下）使人類成為機器的奴隸；
- 化石燃料的使用帶來空氣污染和人民健康的損害；
- 飛機的使用令原本遠離戰線的平民百姓暴露在戰爭的恐怖之下；

上述最後一項已經把我們帶進二十世紀。在過去一百年左右的時間，我們更發現：

- 汽車的發明和普及大大提升了生活上的方便和擴展了人類的活動範圍，但交通意外迄今做成的傷亡人數，較二十世紀所有瘟疫加起來的還要高（最新的估計是每年大約為130萬人）；
- 人類釋放了原子內部的能量，以為可以永久解決能源問題，但真正帶來的，卻是核子戰爭的噩夢；按統計，2019年全球的核彈頭已累積近14,000個，而每個的威力平均較投擲於廣島的原子彈大3至4倍，也就是說，我們現時已擁有毀滅人類多次的能力；
- 電台、電視、互聯網和電子遊戲的普及，固可令我們足不出戶而「能知天下事」，但另一方面也令不少人終日沉迷其中，令人際關係更為疏離，從而產生不少不諳世務的「隱蔽青年」（又稱「宅男」和「宅女」）；

- 大眾媒體（mass media）的出現固然可以幫助反映民意讓政府更好地施政，但另一方面，它也可以被當權者和大財團大企業所利用，進行洗腦式的政治和商業宣傳；

- 互聯網帶來的「信息革命」（Information Revolution）固然可以令我們輕易獲得大量信息（包括好像《維基百科》所包含的海量知識），但一方面專制政權可以透過強力的「防火牆」把信息封鎖，另一方面即使在號稱自由開放的社會，「搜索引擎」（search engines）中的人工智能軟件，亦可以按照我們的瀏覽和帖文習慣，過濾我們不喜歡看的資訊，從而令我們的認知變得更為狹隘偏頗（今天的術語是停留在「同溫層」之中）；

- 互聯網上的「社交平台」一方面可以令我們結交到一些素未謀面甚至遠在海外的朋友，但另一方面也很易因為臭味相投而產生所謂「圍爐取暖」並且互相強化的傾向；結果是，有關人士的頭腦不是愈來愈開放，卻反而愈來愈封閉；一旦出現一些種族、宗教或政治的仇恨言論，便會很快地蔓延而導致悲劇性（如恐怖襲擊）的結果；

- 基於「人工智能」技術（artificial intelligence, 簡稱 AI）的機械化自動化固然可以大大提升生產力，卻也會導致大量失業，令無數人的生計受到打擊，從而動搖社會經濟的基礎（這一點我們在下面會再作探討）；

- 生物醫療科技的突飛猛進固然令我們治病療傷的能力大增，卻也帶來了各種「生物倫理」（bioethics）的爭議；而人類發展出

如「無性複製」(cloning)、「幹細胞復修」(stem cell repair)和「基因編輯」(gene editing)等自我改造的能力，更帶來了「佛蘭克斯坦」(Frankenstein，小說《科學怪人》中的主人翁)式的噩夢；

以上的每一項「陷阱」都在在考驗人類的智慧。其中一些我們會在後面「展望未來」的章節中作進一步探討。以下，讓我們集中討論近年引起最多人關注的幾項議題。

從最宏觀也最迫切的角度看，最嚴重的「科技反噬」必然是全球暖化所導致的氣候和生態災難。我們在第三章已看過，這個災難已經逐步呈現，而且惡化的步伐愈來愈快：頻密的殺人熱浪、特大和持續的山火、超強的颱風、特大的暴雨、持續的旱災等反常和極端的天氣，正在嚴重衝擊人類的各種經濟活動。極端的高溫天氣和生態失衡導致的疾病和蟲害，更會嚴重打擊糧食的生產。而高山冰雪的消失，會導致世界各大河流逐漸枯乾從而導致淡水資源短缺。格陵蘭、南極和世界各處高山冰雪的融化，更會導致全球海平面不斷上升，令眾多的沿岸城市受到海水淹沒之災。

簡單的推論是，如果我們無法盡快取締一切化石燃料（煤、石油、天然氣）的使用而大幅減低二氧化碳的排放，氣候生態崩潰將令我們所珍視和追求的一切目標如和諧穩定、經濟發展、繁榮昌盛、社會公義、國家富強、國際公義、世界和平等成為泡影。

可惜的是，在國族爭霸仍然是人類歷史發展主軸的今天，「對抗全球暖化」是博奕論中典型的「公地悲劇」(Tragedy of the Commons)和「囚犯兩難」(Prisoners' Dilemma)問題。背後的邏輯是，如果只有我（指某

一國家）去做而其他國家不做（或只是假裝去做），到頭來固然於事無補，但我的經濟發展和國際競爭力卻會因此受損，最後被其他國家拋於尾後。相反，世人既然這麼緊張這個問題，我靜待其他人去做的話便可坐享其成，並可保持我的經濟領先地位，何樂而不為呢？這在博奕論中又稱為「搭便車問題」（free-rider problem）。

正是因為這樣，雖然早於1997年，聯合國便已召開了「京都氣候會議」，並制訂《京都議定書》（Kyoto Protocol）呼籲各國大力減排，而其後續有2009的哥本哈根氣候會議，以及2015年的《巴黎氣候協議》（Paris Agreement）等，但全球的二氧化碳排放量卻不減反升。今天，大氣中的二氧化碳水平已經遠遠超越地球過去三百萬年的最高數值。我

們已把地球這個無比複雜的系統推到一個完全未知的境地。

從「科技陷阱」的角度看，全球暖化危機的元凶不是什麼新科技，相反是因為不肯捨棄古老的科技：靠燃燒化石燃料以獲得能量的科技。而背後的原因，是因為從化石燃料過渡至沒有二氧化碳排放的「可再生能源」（renewable energy），其間涉及極其巨大的投資（故有上述的「公地悲劇」問題），也涉及巨大的社會利益再分配問題。具體來說，巨大既得利益集團（特別是跨國石油企業）在過去數十年為了維護自身的利益，耗費了龐大的人力、物力、財力以混淆視聽、顛倒是非、散播謠言（例如「全球暖化只是科學家為了爭取研究經費所炮製的一個騙局……」），是令到人類沒有盡早處理危機的元凶之一。

此刻令科學家最為憂慮的，是有「凍土計時炸彈」之稱的一個重大危機。原來西伯利亞、阿拉斯加、加拿大北部和青藏高原等廣闊區域（約佔陸地面積的17%），皆由一層厚厚的凍土所覆蓋。這些凍土包含著大量由生物遺骸分解時釋放出的甲烷氣體。但由於寒冷的天氣，這些氣體和水分結合成為固態的冰晶（methane hydrates）。這些冰晶在低溫時是十分穩定的。但如果溫度不斷上升，它們便會融解而將大量甲烷氣體釋放到大氣之中。

這有什麼可怕呢？原來甲烷是一種增溫作用比二氧化碳還要大二十多倍的「超級溫室氣體」，一旦它們被釋放，將會令地球的溫度飆升，從而令更多的凍土融解，從而釋放出更多甲烷，從而令溫度再飆升，從而令……科學家的計算顯示，一旦這種惡性循環出現，屆時人類怎樣努力「去碳」也會無濟於事，而地球溫度的上升（即使只計算至

本世紀末），再也不會是聯合國專家組之前所預測的4、5度，而是8、9度甚至更多。

這會帶來什麼影響？讓我們集中看看一項人力所無法阻擋的變化：海平面上升。聯合國氣候變化專家組在2014年發表的報告，預計在二氧化碳排放不斷上升的最差情況下，全球海平面至本世紀末會上升90厘米左右。但自發表以來，不少科學家都認為這個估計過於保守。2019年6月，美國太空總署的一份報告指出，按照最新的資料和修正後的分析方法，這個升幅實可達2.5米甚至更多。按此推斷，在可見的將來，全球眾多沿海城市會受到日益嚴重的淹浸。請試想想，介時數以億計受影響的人可以移居到哪裡呢？（長遠來說，格陵蘭冰蓋完全融化會令海平面上升7米，而南極最不穩定的西部冰架融化，會令海平面上升23米。）

我們離這個「無可挽回」（point of no return）的境地還有多遠？按照聯合國專家組於2018年10月發表的一份公布，除非我們能夠盡快大力「減排」，否則觸發「凍土計時炸彈」的警戒線，最快於2030年便會被逾越。事實擺在眼前，人類已經到了最後的關頭……（正是因為這樣，筆者於2019年出版的一本書籍名為《生死時刻 —— 對抗氣候災劫的關鍵十年》，有興趣的朋友可以找來一看。）

6.2 《1984》的夢魘

　　近年來，一個更為引起普羅大眾關注的「科技陷阱」，則確是由日新月異的高新科技所引起，這便是電腦科技導致的「數碼監控」和私隱及至人權的侵蝕。（從某一角度這看是十分遺憾的，因為大眾首要應該關注的必然是全球暖化危機，因為當生態環境全面崩潰時，私隱能否得以保障已是一個次要的問題……。）

　　英國作家歐威爾（George Orwell）在著名的反烏托邦（dystopia）小說《1984》中所創的名句是：「老大哥正在監視著你！」（Big Brother is Watching You!），但當時處身上世紀四十年代的他，相信做夢也沒有想到，他的預言不但成真，而且比他所構想的更徹底更可怕。

　　事實是，隨著電子攝錄和監察儀器的無處不在（包括由超微型無人機或機械甲蟲所攜帶的，也包括我們自己帶在手腕上的）、全球衛星定位系統的無間斷實時監測、電子貨幣的大量通行、互聯網通訊和交易的普及和紀錄在案（包括上過什麼網站、發表了什麼言論或從圖書館借了什麼書籍）、即時基因鑑定、人工智能的「人面識辨」、「步履識辨」和「大數據」分析的應用……無論在大政府、大企業、犯罪集團還是只為了搞惡作劇的超強「黑客」（hackers）面前，我們每個人都已經變得完全赤裸和透明。

　　從出生紀錄到學業紀錄，從工作、婚姻、交友、健康狀況、日常

嗜好、政治傾向到日常行蹤，我們愈來愈被置於「老大哥」的監視底下。2013年，斯諾登（Edward Snowden）的揭露令世人驚覺這種監控已經成為「大政府」習以為常的所為；2018年，網上社交平台「面書」（Facebook）的個人資料洩漏醜聞，令我們醒覺到「大企業」當然也是「共犯」之一。顯然，這兩樁事件皆只是冰山一角。除非我們歸隱深山，私隱的消失似乎已是無可避免的趨勢。

在民主法制較為健全的社會，我們還可以有如「唐吉柯德迎戰風車」般盡力抗衡這種趨勢（如透過傳媒揭露、公民行動、法律程序和民主監督等手段），但在專制的社會裡，就是「唐吉柯德式」的反抗也不被容許。

在中國，一套「社會信用體系」已被逐步建立，目的是「褒揚誠信，懲戒失信」，培養「優質公民」。在這個系統裡，公民先被賦予1,000分，然後會按照之後的分數增減而被分類為「誠信級別」、「較誠信級別」、「誠信警示級別」和「不誠信級別」。

據初步了解，能導致加分的情況包括「準時交卡數」、「繳納社會保險」、「無超出計劃生育限制」、「做義工」、「獻血」、「被傳媒報導宣傳」、「受縣級表彰」、「受國家級表彰」等；至於會被扣分的情況，則包括「拖欠貸款」、「欠稅」、「欠交公務（如水、電）費用」、「酒駕」、「超載」、「嫖妓」、「不養老人」、「誣告誹謗」、「發放虛假消息」、「造假售假」、「參與邪教活動」、「衝擊政府機關」等（筆者執筆時系統的細節仍在改動）。而被評為「嚴重失信」的人，會被禁止乘坐飛機和火車。

在現實中，評級的影響當然不會限於乘坐交通工具。一旦被評為

「嚴重失信」的話，一個人在社會上的各種活動也會受到嚴重的限制。這個體系顯然是建築於法律體制以外的一種統治人民的手段，而它之能夠付諸實行，乃建基於網絡世代的全面電子監控（total electronic surveillance）之上。

另一項令人憂慮的發展，是機械人武器（robotic weapons 或 killer robots）的研發和使用。我們慣於用「機械人」這個名稱，但這些武器除了「人型」外，其實可以採取任何形態如四足動物（大小可由老鼠到犬隻到獅子到大象）、雀鳥甚至昆蟲。但無論形態如何，它們的共通之處，是可以按照預先給予的指令，自行找出目標人物然後進行殲滅。

過去十多年來，美國以「反恐」為名，已經透過「無人機」（drones）

在全球發動過無數致命的空襲。迄今為止，這些攻擊的最後階段（按制發射飛彈的那一步）大多仍然由控制員坐在冷氣房間裡遙控地進行。但隨著人工智能的識別和判斷能力不斷提高，最後這一步其實也可交由電腦代勞。這時，無人攻擊飛機便成為了真正的「自主武器」（Lethal Autonomous Weapons, 簡稱為 LAWs）。人類的戰爭將會出現全新的面貌。

請試想像一隻嗅覺靈敏有如獵犬，但頭上裝上了機關槍的機械犬。它不會攻擊可以發出特殊無線電訊號以茲識別的己方人員，但對於沒有這種電波訊號的移動兼且有體溫的物體，會即時作出致命的攻擊。一旦這樣的「機械犬殺手」被派上戰場，殺戮的慘烈可以想見。

又或想像進行攻擊的，是一些可於黑暗中接近無聲地飛行的機械黃蜂，它們可以透過紅外線自動尋找目標，然後以尾針刺向目標並注射致命的劇毒。更血腥恐怖的設想，是一個雙手是鋒利無比的電鋸，而身手則較常人快上十倍的「機械殺人狂魔」……。

不用筆者再描繪下去，大家都會看出這是一個多麼可怕的發展方向。交戰相方皆以這些「自主武器」攻擊已是可怕，但假如電腦指令出錯（或被黑客篡改），又或有人忘了刪除應該刪除的指令……後果更是不堪設想。更不要說科幻小說中所設想的電腦失控和「叛變」等情節……

支持這種發展的人聲稱，如果戰爭由人與人之間的肉搏廝殺，改成由「機械人與機械人之間的較量」，那不是可以減少人命的傷亡嗎？（一些凡事皆從經濟角度出發的人更強調：這會減少國家對傷亡軍人和

家眷的賠償，也可減少退伍軍人的龐大福利開支云云）。但另一方面，反對的一方則指出，戰爭的「機械人化」會減低國民對開戰的抗拒，從而令政府更易發動戰爭，結果是有損世界和平而非促進和平。

一項更嚴厲的批評是，把奪取生命的權力放到沒有感情、沒有良知（包括最基本的惻隱之心）和沒有任何倫理道德觀念的機器手上，而且一旦啟動了便沒有任何轉圜的餘地，乃是人類道德的嚴重淪喪，這便有如打開了「潘多拉的箱子」（Pandora's Box），最後會令人類陷於萬劫不復的境地。

正因為上述的考慮，世界各國的有識之士已經發起了一場「制止殺手機械人運動」（Campaign to Stop Killer Robots），而自 2013 年以來，已經有數千名人工智能專家、知名的科學家（如霍金）和企業家（如馬斯克）以及政界人士聯署作出支持。2018 年底，聯合國秘書長古特雷斯（Antonio Guterres）亦公開呼籲，人類應該立即停止這樣類武器的發展。

但「言者諄諄、聽者藐藐」，帶頭發展這類武器的美國未有絲毫停步，而緊隨其後的還有以色列、俄羅斯和中國等國家。不少專家學者指出，正如對抗全球暖化一樣，能夠有效地阻止災難發生的「機會窗口」已經愈來愈窄，我們必須盡一切努力喚起世人的關注，阻止「機械人殺手」時代的來臨。

6.3 「生命3.0」和「科技奇點」

　　以上所說的「全民電子監控」、「大數據分析」和「機械人武器」等發展，都是電腦科技發展至「人工智能」（Artificial Intelligence, AI）階段的產物。簡單來說，「人工智能」是能夠模擬甚至超越人類各種智力活動的人造系統。它與過往的電腦系統的最大分別，在於它具有人類智力活動的一項重要特徵：自我學習的能力。

　　正是通過了這種自我學習的能力（而不是超級精妙但封閉的程式），電腦「深藍」（Deep Blue）於1997年打敗了國際象棋的11屆世界冠軍卡斯帕洛夫（Garry Kasparov）；人工智能程式「AlphaGo」則於2016年擊敗圍棋高手李世乭。雖然這兩則新聞遠沒有人類登陸月球般震撼和廣為人知，但它們背後的含義，卻可能更為重大和深遠。

　　今天，人們都熱衷於談論「無人駕駛汽車」、「全自動的醫療診斷系統」（機械人醫生）、「完全不經人手的外科手術」，以及空無一人的全自動化工廠、貨倉、超級市場和貨運碼頭等。此外，地產經紀、保險從業員、銀行僱員、會計師甚至律師，也有可能步以往的接線生和今天汽車司機等後塵，被人工智能系統所逐一取代。

　　從蘋果電腦的比貝爾‧蓋茨（Bill Gates）到電動車「特斯拉」（Tesla）的馬斯克（Elon Musk）到「面書」（Facebook）的朱克伯格（Mark Zuckerberg）等，近年都曾高調警告，這種發展可能引致大規模的失業，以及由此引發嚴重的社會問題。

當然，電腦在社會上的廣泛使用並非新生事物，而不少之前需要人手操作的職業（如上述提到的接線生），確已被一一淘汰，但新的需求新的行業最後也把這些剩餘的人手吸納過來。按此推斷，樂觀派的人指出，即使人工智能淘汰了某些行業，社會上自會出現新的行業（例如編碼員）而把人手吸納，所以「大規模失業」是一種危言聳聽的說法。

悲觀派的人士則反駁，跟以往的機械化自動化浪潮不同，由於人工智能取代人類的領域，已經從體力勞動（physical domain）大大延伸至高等的腦力勞動（cognitive domain），它對就業市場的衝擊，將會較過往的浪潮深刻和廣泛得多。如果我們不及早研究和制定對策，到出現社會動盪時才急謀應對便會太遲了。

兩派觀點孰是孰非？回顧本書迄今的討論，當知這兩種觀點皆流於表面。事實上，歷史告訴我們，大規模的機械化浪潮（如工業革命前期引入的紡織機器），原則上確會導致失業、消費不足、生產過剩和經濟衰退等社會危機。但這些危機最終被化解，是因為有「經濟規模不斷擴張」這服「萬應靈藥」。從這個角度看，人工智能的應用只不過是機械化浪潮最新的一波，謂它會引起大規模社會動盪，只是有昧於近代歷史發展規律的一種危言聳聽罷了。

問題是，過往的「靈符」今天真的繼續管用嗎？讓我們看看兩個會導致「靈符」失效的可能。首先，隨著複式經濟增長的驚人發展，人類的活動已經多方面接近甚至超越自然界的物理極限，而由此引起的生態環境災難已經逐步顯現，而且只會愈演愈烈。要以「經濟增長」來吸納因為「人工智能」而淘汰的人手，只會將人類更快地推向環境崩潰的深淵。

此外，我們有理由相信，「人工智能」與過往的機械化自動化浪潮的確有著本質上的分別。「自我學習能力」加上「機械人工藝」(robotics)的發展，會令機器對人類各行各業的滲透快速得多也深入得多。試想想，一個從未在安老院工作的人，不也要花一段頗長的時間（例如三個月至半年），才能充份掌握照顧長者們的起居飯食及至社群生活和心境健康需要的知識與技巧嗎？人類如今已經達至的科技水平，是我們可以建造一個極先進的機械人，而只要讓它同樣進行三個月至半年的學習，它也可以掌握到上述的知識和技巧（包括為院友玩魔術和說笑話）。而且不要忘記，這個「裸姆機械人」是不會疲倦也不會發脾氣的。

說「機械人會取代人類」當然是無稽之談，我們真正擔憂的，是機械人會取代人類的絕大部分工作（從會計師到金融分析師到天氣預報員到安老院護理員），從而令我們失去了（1）收入，和（2）自我的尊嚴和價值。

從再深的一個層次看，這當然也是無稽之談。假如在一個遠古的村莊裡，你的職責是守護廟堂中的火種。這是一項備受尊重的工作，因為村莊的人都已忘了如何生火，而不幸村中所有火都熄滅了，你守護的火種便能令火的使用得以延續。現在假如一個未來的時光旅客向村民送了一大批打火機，由於現在每人都可以輕易生火，你的神聖工作頓然變得沒有意義，不錯短期來說你可能覺得「尊嚴和價值」盡失，但對整條村莊來說這顯然是好事而不是壞事。

讓我們再從經濟學（收入、生計）的角度看。假如有一條村莊，由於它所坐落的最肥沃耕地與最近的河流有一段距離，所以每天都要找

很多人來回挑水以供村民之用。此外，村民每天都要找人推動巨大的石磨來研磨麵粉。好了，假如一個外來的工匠來到這村莊，並教曉村民建造風車來磨麥，以及建造水車來引水。一下子，一向負責挑水和推磨的人都「失業」了，村莊於是出現了「經濟危機」和「社會動盪」……

大家當然看出我在故意作出嘲諷。人類以科技發明來取代人力和提升出產力，結果自然是增加我們的閑暇，提升我們的生活質素，何解會導致「失業」、「經濟危機」和「社會動盪」等問題呢？至此大家當然明白，這完全是近世的資本主義制度所導致的。我們之前說過，我們真正需要的不是「一份工作」，而是「一份收入」。當機械化、自動化、電腦化、智能機械人等真正開啟了一個「富饒的時代」（age of abundance），餘下的經濟學問題主要應是「分配問題」而不是「生產問題」。在下面第九章「未來50年」的預測中，我們將會進一步探討這個「分配問題」及有關的建議。

再挖深一點看，上述謂「人工智能」發展與以往的電腦化有「本質上的分別」，所涉及的絕非「智能機械人」的出現這般簡單。科學家麥斯‧泰格馬克（Max Tegmark）在他們著作《生命3.0》（*Life 3.0 - Being Human in the Age of Artificial Intelligence*, 2017）之中，把地球上至今出現的「生命」分為三個層次：

1)「生命1.0」：指身體結構（硬件）和決定行為模式（behavioural patterns）的指令（軟件）都是短期內固定而無法改變的生命；留意長期來說，兩者都可以因為繁衍時的「遺傳（基因）變異」（hereditary variations）和外在的「自然選擇」（natural selections）作用而逐漸改變（總的結果稱為生物演化 biological evolution），但其間必須涉及多世代的時間跨度（以數十至過百萬年為單位）。一個好的例子是蜜蜂，牠所擁有的軀體結構、社群結構和行為模式都是演化的產物，所以不是一成不變的。但在一個相對短的時間內（如單一個及至數百個世代之內），它們是十分穩定不變的。就以行為模式而言，我們把有關的不變行為模式稱為「生物本能」（biological instinct）；

2)「生命 2.0」：指身體結構（硬件）於短期內固定不變，但決定行為模式的指令（軟件）卻可以在某一程度上不斷變化。地球上最早出現的這種生命，是大約二百萬年前出現的古人類「能人」（Homo habilis）。其間的突破在於「軟件」的性質。在「生命 1.0」中，「軟件」是具有雙螺旋結構的大分子「脫氧核醣核酸」（DNA）所載著的「編碼」（coding）。雖然這些「行為編碼」的執行，要透過「結構編碼」所建構的「中樞神經系統」（central nervous system）體現，但「神經系統」在過程中的自主性（autonomy）十分之低，例如當蜜蜂遇到外敵會以死保護蜂巢，發出行為指令的雖然是神經系統，但最終的指揮卻是基因中的編碼。

「能人」之作為「生命 2.0」的雛形，是因為他的「中央神經系統」—— 主要是大腦皮質（cerebral cortex）—— 逐步出現了可塑性（plasticity）和自主性，進而出現自我學習的能力。結果，他開始探索性地製造各種不同的石器工具。留意有關的知識和技能不像蜜蜂建蜂巢般代代遺傳與生俱來，而是要透過每一代的後天學習所掌握。這種超越「生物本能」的行為模式，是人類踏上智慧之路的濫觴。

今天的人類當然便是「生命 2.0」的最佳例子:「念模演化」就是軟件 (知識、思想、意念、價值觀、行為模式) 不斷更新演變的過程。

　　3) 按照泰格馬克的分析,今天的「人工智能」,已經在某一程度上超越「生命 2.0」而演化至「生命 3.0」的階段。這是因為懂得自我學習的「人工智能」不但可以進行「軟件更新」,更加可以進行「硬件更新」,亦即由「電腦 / 機械人 A」設計出一個比 A 先進的「電腦 / 機械人 B」,然後再由 B 設計出更先進的 C,再由 C 設計出更先進的 D……並一直如此類推。

　　在某一程度上,處於「生命 2.0」高峰的人類也很接近「生命 3.0」的階段。隨著基因工程學的急速發展,我們可能很快便已可改變我們的身體結構,令我們可以生活於海洋深處,或是火星的稀薄大氣之中。此外,不少學者已經指出,正如二十世紀是「物理學世紀」,廿一世紀將會是「生物學世紀」,特別是「大腦科學世紀」(The Brain Century)。在「基因工程」和「大腦工程」的雙重推動下,我們甚至可以提升我們的智力而培育出「超人 1 號」,然後由他們培育出更聰明的「超人 2 號」,再由「超人 2 號」創造出「超人 3 號」……並如此類推。大部分人之所以覺得這些情節只可能發生在科幻小說之中,不單因為其間所涉及的技術難度,而更因為所涉及的巨大和極富爭議性的倫理道德問題。

　　與人類「進化」至「生命 3.0」不同,人工智能進化至「生命 3.0」表面上並不涉及什麼倫理問題。但只要我們停下來想一想,便知這便有如釋放了瓶中的精靈,一旦發生了,便很難將精靈收伏放回瓶中。

　　由於人工智能的「演化」速度較生物演化 (即使包括遺傳工程學的

176

幫助）可以快上百倍甚至千倍，以電腦或電腦網絡為基礎的「生命 3.0」可以出現爆炸性的演變，最後在智能上把人類遠遠拋離。

原則上，人工智能的發展有兩種可能性，一個是「強 AI」假設，即電腦會衍生出「自我意識」(self-consciousness)，從而再衍生出「意向性」(intentionality)。絕大部分描述電腦叛變然後與人類對抗（最後統治、勞役甚至殲滅人類，如著名電影系列《未來戰士》(*Terminator series*) 和《廿二世紀殺人網絡》(*Matrix series*) 中的情節）的科幻小說和電影，都是基於這個假設。

至於另一個「弱 AI」假設，是認為「自我意識」是億萬年生物進化的獨有現象，一部電腦即使如何先進，也不可能「知道自己的存在」，

因此也不可能「叛變」並「加害人類」。按照這種觀點，科幻的情節永遠只能停留在科幻小說之中。

即使是最資深的人工智能專家，迄今也無法斷定上述的哪個觀點正確。但其中不少人指出，隨著我們的經濟活動和日常生活對人工智能的高度／過渡依賴，孰是孰非其實已經沒有什麼實際意義，因為即使是「弱AI」，也會為人類帶來末日。這是因為只要人工智能系統出現什麼差錯（可以是惡意的人為破壞，也可以是自身的偶發意外），人類的文明便會轟然倒塌。我們可以用「電氣化」來作一個比喻。今天，電力供應停頓便差不多等於整個社會的運作停頓；將來，人工智能系統停頓所帶來的破壞，將會較電力供應停頓的大上百倍、千倍。全球交通大混亂所帶來的巨大人命傷亡，只是最簡單直接的影響罷了。

其實，早於1909年，作家E.M.福斯特（E.M. Forster）便已寫了一個警世的故事《機械休止》（The Machine Stops）。故事描述未來世界的人類無論在衣、食、住、行等各方面都極度依賴機器。不幸，有一天機器壞了，所有人皆不知所措，最後都死在機器的懷裡。百多年過去了，福氏所描述的世界似乎正一步一步的實現⋯⋯

我們還可進一步推論，科技帶來的不單是依賴而是沉迷。上世紀中葉，科學家透過動物實驗，發現了大腦中存在一些主宰快感的區域。他們找來了一些白老鼠，並把幼細的電極棒插進牠們大腦的快感中心。之後他們把老鼠放到籠裡。籠內有幾根操縱桿，一支會發放食物、一支會放出水，而一支則會向插在老鼠頭上的電極棒發出微弱的電流。結果是，老鼠很快便會迷上發出電流的操縱桿，一些更會不吃

不喝日以繼夜地重複按動這根操縱桿，最後達到虛脫的狀態而需要實驗人員把牠們移走和搶救⋯⋯。

這是一個令人震驚的實驗結果。引申下來，今天不少人已經沉迷於仿如身置其中的電子遊戲，隨著愈來愈先進的「虛擬／擴增實境」（virtual /augmented reality）技術的應用，人類是否會有一日步上那些白老鼠的後塵？而人類的滅亡，將會既非因為核子大戰，也非因為外星人的侵略，而是因為沉迷於刺激快感神經的電流？

讓我們暫且回到AI的問題之上。如果「強AI」假設成立，而人工智能（例如遍及全球的互聯網）有一天「蘇醒」過來又如何呢？對大部分人來說這是個噩夢，但對一少部分人，這是值得興奮雀躍的一刻，他們更為這一刻起了一個名稱：「科技奇點」（Singularity）。留意這個英文字原本用於相對論物理學（relativistic physics），所指的是黑洞中央那個「時空曲率趨於無限大」，而理論上「密度達於無限、壓力達於無限、溫度達於無限」，故此超越了一切現代物理學理論和人類認知的「不思議」境界。

另一些人則對「科技奇點」有不同的理解。他們不關心「強AI」是否會實現，而是人類和電腦是否可以進行「終極融合」，從而成為宇宙中一種全新的存在（甚至成為「更上一層樓」的靈體）。更具體地說，我們是否終有一天能夠將我們的意識「上載」至互聯網，從而實現「長生不老」？這種對「不朽」（immortality）的追求，可說是秦始皇求不死藥的「矽谷版」。（電影《超越潛能》（*Transcendence*, 2014）和《超人類卓比》（*Chappie*, 2015）等都有類似的描述。）

基於「人機結合」導致「生命／心靈」在演化上出現突破和躍升這個可能性，自上世紀開始，有人提出了「超人類主義」（trans-humanism）或「後人類主義」（post-humanism）的主張，亦即認為（1）這種趨勢是歷史上的必然，以及（2）這是一種值得我們慶賀和追求的結果，而我們應該積極扮演這趟「突破」的助產士角色。

筆者對「歷史必然」一點持開放態度，但對「值得慶賀和追求」則抱十分懷疑的態度。無論其間可能包含多少缺點，「人性」是我們所擁有最珍貴的東西，也是宇宙間最複雜的東西，在我們還未徹底了解它之前，我認為「超人類」或「後人類」的主張是愚蠢和不負責任的。孔子說「未知生，焉知死」，我則借用來說：「未懂人類，焉談後人類」。

在筆者看來，即使人工智能（互聯網）有一天真的蘇醒，人類與它也應該是「朋友」和「伴侶」的關係，而不應追求什麼「融合」。

但事物的發展可能真的「不為人的意志（包括筆者的）所轉移」。顯然，無論是「電腦蘇醒」還是「心靈上載」或「人機融合」，皆會對人類的前途帶來莫大的影響。只是我們迄今無法衡量這些發展的可能性有多高。在往後的「50年展望」和「500年展望」的探討中，我們會保留這些可能性，但仍只會把它們歸納至「難以衡量」的範疇。

6.4 ▶「人役於物」
還是「物役於人」?

　　回顧本章的討論，我們不禁要問：「科技反噬」是必然的嗎？這兒有兩派不同的觀點。第一派認為科技只是一種工具，它在道德上是中性的。正如一把刀可以用來切菜，也可以用來殺人，所以刀本身沒有「好」與「壞」之分，一切端視乎用刀的人而定。這種觀點我們稱為「科技中性論」。

　　在另一派人的眼中，「中性論」是天真和脫離現實的。歷史告訴我們，人類因為要解決生活的問題而發展出種種科技，但某種科技一旦出現，必會帶來一些意料之外的影響（unintended consequences），甚而以某一特定的形式，影響人類社會發展的軌跡（想想中國「四大發明」對歐洲歷史的影響），及至改變個人的價值觀、人生觀以至精神境界。這便有如「高等語言」既是「思維的產物」，但「高等思維」同時也是「語言的產物」一樣，人透過了科技改變了世界，但同時也改變了自己。

　　這一派的觀點又可分為悲觀和樂觀兩個派別。悲觀派認為，人類的道德發展必然追不上科技進展的速度，正如馬丁・路德・金（Martin Luther King）所言：「我們的科學力量已經超越了我們的精神力量，我們擁有自動導航的飛彈，卻到處都是迷失了方向的人。」（Our scientific power has outrun our spiritual power. We have guided missiles but misguided men.）結果是，人類愈來愈似一個在化學實驗室甚至軍火庫中玩耍的小

孩，最後必會玩火自焚引發災難。這種觀點在人類發展出核子武器之後和「美、蘇冷戰」高峰期最為流行。

但樂觀派的人卻恰恰用了核武這個例子來作出反駁。他們指出，人類發展核武至今已經超過七十年，但至今未有爆發核子戰爭。這便說明了：只要他願意，人類實有足夠智慧和能力駕馭科技發展帶來的風險。其他的例子包括了酸雨災難的遏止和臭氧洞的修補等。我們今天要做的，是要繼續發揮這樣智慧，讓科技繼續為人類的福祉服務，而不至成為人類的詛咒。

在筆者看來，上述的觀點皆各自有其道理，但都忽略了重要的一點。這便是在現今的資本主義制度之下，科學的應用往往只是為了創造利潤，而不是為了解決人類最迫切的問題，例如大藥廠只會集中研發治療富裕國家中的老人疾病（如腦退化症）的藥物，而不會研發貧苦國家中影響人數更多的疾病（如不少熱帶傳染病）的藥物。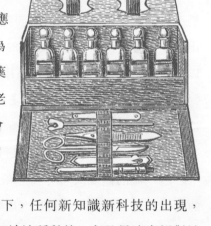

尤有甚者，在消費主義的硬邏輯下，任何新知識新科技的出現，都會被千方百計轉化為商品以謀利，無論這種科技／商品長遠來說對社會和環境是否有害。無數的例子包括大量使用毒害環境的農藥、為家畜家禽注射大量抗生素和催促生長的激素、為了提升產量的基因改造農產品（包括臭名遠播的、內置「自殺基因」的種子）、以聲納和拖網

大規模捕魚、為了提升賣相和口感的各式食物添加劑、以矽膠進行隆胸、以肉毒桿菌進行「醫學美容」、生產大量一次性用完即棄的塑料用品（器皿、刀叉、包裝及至更為破壞環境的螢光棒）、大量應用最新科技（如虛擬實境技術 VR 和擴增實境 AR），因此也愈易令人沉迷的電子遊戲……

一個較近期的例子，是在「奧米加-3」可以促進心臟健康的吹噓下，不少公司已經推出「比魚油包含更豐富和優質奧米加-3」的「磷蝦油」（krill oil）。要知磷蝦主要生活在接近兩極的冰冷海洋，是很多海洋生物（特別是鯨類）的主要食物。它們因為體型細小，一向不被視作具有「經濟價值」的海產。但在「開拓新商機」的邏輯下，牠們現時已被大量捕撈，從而嚴重影響以牠們維生的海洋生物。對於不少瀕臨絕種的鯨類，這無疑是「棺材上的最後一口釘」（the last nail in the coffin）。

也就是說，所謂「科技失控」，很大程度上其實是「資本衝動」之下的「科技商品化失控」。

但政府不是應該扮演著一個「科技應用守門人」的角色，從而對那些禍害社會的商品進行規管甚至禁絕嗎？你可能會這樣問。但現實是，除了毒品和軍火等極端例子外，政府對日新月異的新科技產品往往未能起到「把關」的作用。究其原因，包括：（1）科技發展太快，規管部門追趕不及；（2）不少新科技產品的負面影響不是短期內可以看到，但到了它們顯現時卻是難已回頭（塑料的大量應用是好例子）；（3）自由經濟至上論的阻撓：其立論是「過渡監管」會損害創新和經濟發展，也剝奪了人民選擇的權利，有違人權和自由經濟的原則云云；（4）

監管機構受到大財團大企業或明或暗的影響（最直接的當然是賄賂；另外是「旋轉門」的制度性腐敗，例如大藥廠的總裁被委任為監管藥物的高官、大食品商的總裁被委任為監管食物安全的高官，而他們在政府退休之後又可以回到商界出任要職……這種情況在美國甚為普遍）。

當然，科技的濫用也可以是由政府帶頭的，上文提到的全民電子監控就是一個可怕的例子。可悲的現實是，世界人民正在受到「科技宰制國家主義」（technocratic statism）和「科技宰制企業主義」（technocratic corporatism）的兩面夾攻。（對於某些第三世界國家中的人民，他們面對的是加上「新殖民主義」的三面夾攻。）

在筆者看來，要對抗這些趨勢，惟一的方法是深化我們的教育和民主制度。正如林肯的名句，指出一個國家的政府應該是「民有、民治、民享」（Of the people, by the people, for the people，中文乃孫中山的翻譯），亦有人提出了「人民科學」的倡議：「民有科學、民治科學、民享科學」（Science of the People, by the People and for the People）。而要實現這一倡議，當然需要深度和廣度俱備的科學教育，以及一個建基於蓬勃公民社會（civil society）的民主制度。

在下一章我們會看到，除了傳統的「政治民主」之外，我們還必須努力建構「經濟民主」（economic democracy）。只有當我們全面發揮民主的精神和實踐，並且從人心上作出改變，從「人役於物」轉向為「物役於人」，我們才可以把科技這隻「精靈」駕馭，令它真正的為人類服務，而不是為禍人間。

7.1 未來
未有來

　　我們總共花了六章的篇幅，扼要地交代了「人類文明的軌跡」和「我們當前的處境」這兩個大題目，至今，終於可以嘗試探討「人類的前途為何？」這個大哉問。

　　每一個人都想擁有預知未來的能力，從而趨吉避凶。古語有云：「能知他日事，富貴萬千年」。理論上，這種願望既有合理的成份，也有不合理的成份。讓我們先看看不合理的部分。

　　從定義上說，「未來」既然仍未發生，亦即未成為「事實」，我們又怎有可能「預知」（predict）呢？當然，這涉及到我們對「存在」和「時間」本質的了解，是一個至為深奧的科學和哲學問題。愛因斯坦曾經說：「過去、現在、未來的區分只是一種固執的幻象，是不存在的。」這是因為在他所建立的相對論中，時間的流逝在不同的「慣性座標系」（inertial frames）中是相對的。只有「時間」結合了「空間」的「時空連續體」（space-time continuum）之中的「事件」（event）才是絕對的。然而，即使在相對論物理學中，因果律（causality）並沒有被推翻，所以在導致「花瓶被打破」的「因」還未出現之前，我們沒有可能推斷出「花瓶破碎了」這個結果。

　　至於「預知未來」的合理部分，是對於一些相對簡單的系統，只要我們掌握了背後的發展規律，我們確有可能頗為準確地「預測」

（forecast）它的「因、果」發展趨勢，從而推斷系統於未來某一刻的狀態。再以花瓶為例，如果我們把承著花瓶的桌子的其中一面抬高，而花瓶正沿著桌面滑下，則我們可以「預知」花瓶不久將會掉到地上跌得粉碎。又假如我們駕著一輛汽車高速地駛向懸崖，如果我們不及時剎停，當可「預知」不旋踵即會車毀人亡。

在較高的科學層次，成功的預測例子包括太陽系中的天體運動（包括日、月食的發生），也包括大氣層內的變化（天氣預測）。比較這兩個例子是頗有啟發性的。前者涉及的因素相對簡單，因此我們可以頗為準確地預測數十年甚至數百年後的日、月食。相反，由於大氣層變化涉及的因素複雜得多，即使我們用上最先進的天氣預測數值模型，並

以超級電腦進行運算，迄今也只能對未來十數天的天氣作出大致的預測，而且預測會偶有失準。稍後我們會看到，基於「混沌理論」（chaos theory）的原理，我們可能已經十分接近準確的「長期天氣預測」（long-range weather forecast）的極限。

人類社會是我們迄今所知最複雜的系統，要預測它的發展，難度當然較預測天氣還要大上百倍、千倍。然而，這沒有阻止人們不歇地作出嘗試。遠古時，不同民族的巫師便透過了各種千奇百怪的方式來嘗試探視未來。中國商代以燒紅的金屬尖錐刺在牛的肩胛骨上，然後憑著出現的裂縫來預測未來，便是其中的一種方法。

今天，每逢新年前夕，仍然會有一些「預言家」（中國的又稱「術數大師」）為來年的運程甚至可能發生的大事作出預測。當然，大部分人都只會把這些「預言」當作茶餘飯後的笑談，這是因為一來這些預言大都甚為空泛甚至模棱兩可，二來當預言失準時，預言者從來不會承認錯誤，而是將失準歸究於一些「未能預見的突發因素」云云。（算命和術數等之不被接納為科學，正是它們缺乏了科學探求中的一項基本要求：「可偽證性」（falsifiability）。）

人類的活動之所以極難預測，不單在於它的複雜性，還在於一個更根本的原因：人是懂得反思的認識主體。在人文科學（human sciences）的探求中，這便導致著名的「自我兌現的預言」（self-fulfilling prophecy）和「自我否定的預言」（self-negating prophecy）這兩個悖論，從而令到預測「自我實現」或者「落空」。

什麼叫「自我兌現預言」呢？假設在經濟動盪時，有人傳出了某間

銀行即將倒閉的謠言。現在假設這間銀行原本是財政健全的，但由於這個謠言，不少人都擔心蒙受損失而到銀行把存款提取，結果是銀行出現「擠提」而最終倒閉，這便是典型的「自我兌現預言」。

至於「自我否定預言」的例子，是假設一個新的主題樂園落成，而當局預測開幕當天將會異常擠迫，甚至會出現混亂場面，結果是大部分人都害怕了而沒有前往，而開幕當日人流稀少十分暢順。再簡單地說，你預言我向左走，於是我故意向右走，這種故意「鬥氣」的行為也是一種「自我否定」。

更弔詭的情況是，同一個預言可能會導致相反的結果。例如我向每天都駕車上班的朋友說：我有強烈預感你今天會遇上交通意外。一個朋友聽了後非常小心駕駛終於平安無事（自我否定），但另一個朋友則整日憂心忡忡心神恍惚，結果真的發生了交通意外（自我實現）。

基於以上種種的「反饋機制」（feedback mechanisms），不少人認為人類的行為（無論是個體的還是集體的）基本上是無法預測的。

從另一個角度看，無法預測的原因是人類社會是如此的複雜，一些看似微不足道的差異，往往可以導致無法預計的巨大變化。中國諺語有所謂「差之毫厘，謬以千里」或「牽一髮而動全身」。西方的一首童謠更以十分生動的方式表達這種道理：

丟了釘子，失了蹄鐵。

丟了蹄鐵，失了戰馬。

丟了戰馬，失了探子。

丟了探子，失了情報。

丟了情報，失了戰事。

丟了戰事，失了王國。

這全因丟失了一根馬蹄釘。

For want of a nail the shoe was lost.

For want of a shoe the horse was lost.

For want of a horse the rider was lost.

For want of a rider the message was lost.

For want of a message the battle was lost.

For want of a battle the kingdom was lost.

And all for the want of a horseshoe nail.

寓意當然是：偶然的微細變化，往往起著決定性的巨大作用。方才我們已經提到混沌理論對天氣預測做成的限制，其中最有名的一個寓言是「蝴蝶效應」（Butterfly Effect），亦即在巴西的亞馬遜森林中，一隻蝴蝶只需多拍了一下翼，便有可能導致美國德薩斯出現龍捲風。在混沌理論中，這被稱為「系統演化對初始值的極端敏感性」（sensitive dependence on initial conditions）。

「差之毫厘，謬以千里」固然是自古已有的智慧，但自上世紀六、七年代所建立的混沌理論，卻是這將這種直觀的智慧放到一個堅實和嚴謹的數理基礎之上。其中最核心的意念，是一些看似簡單的並且屬「決定性」（deterministic）的數學方程或動力系統，在不斷「疊代演算」（iterations）之後，會因為「非線性」（non-linearity）的作用而衍生出毫無規律，因此也無法預先推斷的結果。有人認為，這種「決定性混沌」

190

（deterministic chaos）的發現，堪稱繼「相對論」和「量子力學」之後的「二十世紀第三大物理學革命」。

扼要而言，事物演化皆有其「固有歷史」（historicity），這是因為系統演化的路徑中包含著不少「分岔點」（bifurcation points），而在遇到每個節點時，系統一旦「選擇」了其中一條分岔路徑，以後的歷史便會完全不同。做「事後孔明」很容易，但要事前預測整條演化路徑，即使在理論上也會因為這些「非性線」的影響而屬不可能的事情。

今天，不少人提到的所謂「黑天鵝事件」（Black Swans），所指的往往就是「非線性分岔點」所帶來的無法預見情況。以往，所謂「風險評估」（risk assessment）乃基於統計學上的「正態分布」（normal distribution）分析，但「黑天鵝」（統計學中的所謂「長尾」，long tail 或「厚尾」，fat tail）卻完全超出了這種分析的範疇。

當然，這個名詞在今天已經被濫用，以至任何意料之外的事件（如9/11恐襲、零八金融海嘯、「脫歐」公投結果、特朗普當選總統等）都被稱為「黑天鵝」。但它確實為我們預測未來時帶來了一點謙卑之心，那便是無論我們如何考慮周詳，事物的發展仍然會出乎我們（包括所有專家學者）的意料。生物學家哈爾登（J.B.S. Haldane）曾經說：「大自然不比我們想像的奇妙，她比我們可能想像的更奇妙！」日常生活的智慧則是：「最終令我們栽倒的，通常是那些我們完全沒有考慮的風險，而不是我們一直擔心的風險。」

7.2 ▶ 從「辯證唯物史觀」 到「心理史學」

在未正式展望未來之前，我們首先要回答一個問題，那便是：歷史的發展有規律嗎？還是好像一些人半戲謔的說：「歷史也者，只不過是一件事情接著一件事情的無聊鋪陳罷了」（History is just one damn thing after another）？

有關歷史發展規模的最有名論述，是十九世紀中葉由馬克斯和恩格斯（Friedrich Engels）所提出的「辯證唯物史觀」（dialectical historicism）。按照這種觀點，在不同的歷史階段，人類的「生產力水平」（productivity level）決定著當時的「生產關係」（relations of production），而不同的「生產關係」則決定著不同的「社會關係」（social relations），而不同的「社會關係」則決定了所有包括政治、法律、道德、倫理、哲學、宗教、藝術、科學、教育等的「上層建築」（super-structures）。

按照這套論述，人類最先由猿人階段進入的「原始公社」，是一種樸素的「共產主義」社會（communal society）。但隨著文明崛興，人類開始進入充滿壓迫和剝削的階級社會（class societies），最先是「奴隸社會」（slave society）階段，然後是「封建社會」（feudal society）階段，然後是由工業革命所開啟的「資本主義社會」（capitalistic society）階段。

然而，資本主義雖然帶來了生產力的驚人釋放，它也包含著無可

克服的內在矛盾，那便是因為「商業競爭」→「資本不歇膨脹」→「生產過剩」→「利潤率下降」→「投資萎縮」→「工人失業」→「消費不足」→「進一步生產過剩」→……所導致的周期性經濟危機。（更深入一層的分析，是我們之前提及的「機械取代人力」所帶來的矛盾。）

按照「辯證唯物史觀」的分析，隨著生產力的不斷提升，人類終有一天可以超越資本主義，而進入物質空前富饒的「共產主義社會」。在那時，人類是「各盡所能、各取所需」，而人與人之間的壓迫與剝削將不復存在。較現實地看，在未完全進入「共產社會」之前，我們還需經歷一個「各盡所能、按勞分配」的過渡性階段，稱為「社會主義」（socialism）階段。

留意這套論述實分為兩大部分，前半部是過去史實的闡述與詮釋，而後半部則是關於未來的預測。不用說最能激動人心的，是預言「再也沒有壓迫與剝削」的後半部。我們之前已經看過，對這種美好未來的追求，都不幸演變成更為巨大的壓迫和災難，而二十世紀的「共產主義實驗」皆以失敗告終。

除了實踐上的失敗之外，不少學者亦指出，這個理論最大的缺失是低估了所謂「上層建築」的重要性。簡言之，種族、性別、宗教，哲學思潮和諸多的文化創造固有其被動的「階級性」，但另一方面也有其超越階級的自主性。簡單的「經濟決定論」未能充分涵蓋人類歷史發展的複雜和多變。

有關的論述也包含著一個理念上的弔詭。馬克斯強調他建立的是「科學社會主義」（scientific socialism），以有別於以往的「空想社會主

義」（utopian socialism），也就是說，從「奴隸社會」到「封建社會」到「資本主義社會」到「社會主義社會」到「共產主義社會」的演變，是事物發展的「客觀必然規律」，是「不為人的意志所轉移」的。但問題來了，既然這是「客觀規律」，我們又為什麼要成立共產黨作為「革命的先鋒隊伍」，並且要透過暴力革命奪權和「興無滅資」呢？沒有了這些「主觀努力」，「客觀規律」不是一樣會帶來「共產主義」的人間天堂嗎？

　　這便牽涉我們對什麼是「客觀規律」的理解。馬克斯主義者會指出，「人類歷史發展」和「天體運行」的客觀規律，從本質上是有所分別的。「共產社會」的來臨雖然是歷史的必然，但人的努力仍然是必須的，而「共產主義革命」可以縮短中間的過渡時間，令沒有壓迫和剝削

的世界可以早日到來。筆者不打算捲入這個超過百年的學術爭議，我打算做的，是以一本科幻經典作品來為大家提供另一個思考的角度。

第二次世界大戰結束後不久，一位年輕的美國科幻小說作家阿西莫夫（Isaac Asimov）受到了吉朋（Edward Gibbon）的史學鉅著《羅馬帝國衰亡史》（*The History of the Decline and Fall of the Roman Empire*, 1776-1788）的啟發，開始構思一部以遙遠未來的「銀河帝國」衰落為主題的科幻小說。最後，這本小說成為了三卷本的《基地三部曲》（*The Foundation trilogy*, 1951-1953），並獲得全球科幻迷的愛戴和推崇。

如果阿西莫夫只是把羅馬帝國衰亡的歷史抄襲到遙遠的未來，小說的價值當然不大。小說之所以備受推崇，是因為它提出了一個精彩的科幻意念：「心理史學」（psychohistory）。按照這套虛擬的史學理論，個人的行為固然因為「自由意志」（以及上文所提到的種種原因）而無法被準確預測，但當大量的個人組成一個集體，「個人心理學」將被「群眾心理學」所取代，而群眾的心理和行為將會出現一定的規律性。

阿西莫夫所作的假設是，在遙遠的未來，當人類已經遍布銀河系而數目較今天的多上千倍、萬倍甚至百萬倍時，他們的集體行為將可以由嚴謹的數學公式來分析並作出預測。這便有如一顆空氣分子的運動是完全隨機（random）和無法預測的，但當億兆的空氣分子走在一起，它們的行為便可以由「波耳定律」（Boyle's Law）、「查理定律」（Charles's Law）等準確描述一樣。

故事中的主人翁薛頓（Hari Seldon）是首個創立「心理史學」的天才科學家。他以自創的數學方法為銀河帝國進行歷史預測，並獲得了令

他震驚的結果：如日中天的銀河帝國原來正走向衰落和全面崩潰，之後人類將會進入長達三萬年的黑暗時代。

但進一步的分析卻帶來了曙光。在一方面，崩潰的結果乃由巨大的歷史潮流所導致，所以非人力所能挽回；但另一方面，只要能對未來數百年的歷史發展作出一些關鍵的「微調」，便有可能將崩潰後的黑暗時期由三萬年縮短為一千年，從而大大減少人類所要經歷的苦難。

筆者不知阿西莫夫是否熟悉「辯證唯物史觀」，但讀者不難看出，小說中的設想，與「促使共產社會早日來臨」的論述不謀而合。

但《三部曲》的精彩還不只於此，阿氏復指出，如果人類得悉歷史的發展趨勢，特別是得悉科學家打算作出的「調整」，由「心理史學」所作出的所有預測將會因為人類行為的「反饋作用」（包括正、負反饋）而喪失效用。要令「調整」起到預計的作用，它們必須在極度隱蔽的情況下秘密進行。為此，薛頓成立了一個叫「基地」（Foundation）的秘密組織，並好像《三國演義》中的諸葛亮一樣，著令成員在他死後按情況逐一打開他的「錦囊」，以決定下一步的「調整」應該怎麼做。

小說的情節如何發展，當然要留待大家自己找來一讀。但筆者無法不進行一點兒「劇透」，因為在小說的中段，銀河帝國的領導層竟然出現了一個由基因突變而產生，因此連「心理史學」也無法預測得到的、擁有超能力（包括「讀心術」）的「梟雄君主」。他的出現差點兒令薛頓的整個計劃付諸東流。再一次地，我們不得不折服於作者的驚人視野，因為按照今天的術語，這當然便是一趟「黑天鵝事件」。

進入八十年代，阿西莫夫先後為這部鉅著寫了兩本前傳和兩本後

續。有趣的一點是,由於混沌理論在當時已經興起,而「決定性混沌」對事物長遠發展的「可預測性」帶來了嚴重的挑戰,所以阿氏在其中一本小說中,刻意提到了「心理史學」中的「非混沌方程式」(achaotic equations),算是對這種挑戰的一種「回應」。

回顧我們最初的疑問:歷史的發展有沒有規律?如果有,它們可以被我們所掌握,從而讓我們預測未來嗎?以上我們看了兩個肯定的答案(雖然一個是嚴肅的,另一個則只是小說的設想),現在讓我們看看一個強力的否定答案。

之前我們已經看過「可偽證性」這個有關「科學界定」的概念。提出這個概念的哲學家波柏(Karl Popper),在 1939 年寫了一篇名叫《歷史主義的貧乏》(The Poverty of Historicism)的文章,這篇文章於 1957 年被整理出版成書,是迄今對「人類可以揭示歷史規律」的最有力駁斥。

波氏的論點其實很簡單,那便是推動著歷史前進的最大動因,是人類知識的進步(這點與辯證唯物史觀一致),但從定義上,我們不可能得悉人類未來將會發現怎麼樣的知識,因為我們一旦知道了,這些便不會再是「未來的知識」而是「今天的知識」。也就是說,人類歷史的發展從原則上來說是不可預知的。(一個通俗的例子是,假如某人乘坐時光機去到 50 年後並把那時的一首全新的流行曲帶返今天,那麼這首歌曲在 50 年後將會成為了舊歌而不是新歌……)

以此出發,波氏嚴厲地批判「辯證唯物史觀」預言「人類社會發展的未來階段將會如何如何」,從而誘使人們為了「革命烏托邦」而徹底推翻既有的社會秩序,是如何的貽害世人。他不否定我們必須不歇地

推行社會改革（social reforms）以追求社會進步，但他認為我們必須十分謹慎並一小步一小步地進行，波氏把這種主張稱為「點滴社會工程學」（piecemeal social engineering），以有別於急風驟雨式的「馬列主義革命」。

從邏輯上看，波柏的論點可謂無懈可擊。但放諸過去一、二百年，卻有值得商榷之處。為什麼這樣說？因為回顧這段時間的歷史，人類的知識增長了多少？科技（及生產力）提升了多少？而總的財富也增加了多少？但對大部分人來說，還不是要努力「找一份工作」然後胼手胝足才可養妻活兒，更常常要受老闆的氣、面對「失業」的威脅、受到債務的困迫？的確，無論我們換了多麼先進的電視或手機型號、無論我們的付款方法如何更新（由現金到信用卡到儲值卡到手機電子支付等），上述的生活方式有根本上的改變嗎？

而在國際的層面，「中心」和「邊陲」的國際秩序更是數百年沒有根本性的改變，只是有少數地方（如南韓、新加坡等）成功地由「邊陲」移至「半邊陲」（semi-periphery）的位置罷了。

著名的未來學家（futurologist）托佛勒（Alvin Toffler）分別於1970、1980和1990年發表了《未來的震激》（*The Future Shock*）、《第三波》（*The Third Wave*）和《權力大轉移》（*Powershift*）三本暢銷書，筆者都第一時間買來看了。三十年後回望（以第三本書出版至今計算），書中的科技預測已被現實所超越，但書中所預言的由上而下的「權力大轉移」卻是沒有出現。

無怪乎一些學者指出：我們常常說「變化」是這個世代的最大特

色，但本質上，世界是「愈變愈一樣」（The more the world changes, the more it stays the same.）。近年網上流行著一幅繪圖，圖的上半部是多部轟炸機在投擲炸彈的剪影，下半方從左至右則畫有美國總統克林頓、小布殊、奧巴馬和特朗普的頭像。最底部的字眼是：「富的繼續富、窮的繼續窮，而炸彈則繼續下個不停！」（The rich stay rich, the poor stay poor, and the bombs never stop!）

結論是，只要「西方宰制」（Western domination）的國際格局和基於「資本主義生產模式」（capitalisitc mode of production）的政治經濟制度沒有作出根本的改變，更多的知識增長和科技應用只會被用來強化這些宰制和制度。波柏說：「知識的增長令人類歷史變化無法預見」邏輯上正確，而明天便可能真的有一項超級科技出現而改變一切，但迄今為止，如此的新科技還未有出現。（電話、電視、互聯網、智能手機、區塊鏈革命／比特幣等都曾經被如此寄以厚望，但期許最後還是落空。）

當然我們也可以為波柏辯護，資本主義的本質雖然沒有改變，但百多二百年來的工人運動，不是令工人的景況改善不少嗎？而這不正是「點滴社會工程」的功勞嗎？在國際層面，西方宰制雖然沒有完全消失，但自民族獨立浪潮以來，第三世界國家的景況（包括處於赤貧的人口比例）不是一直有所改善嗎？怎能說是「愈變愈一樣」呢？

這是一個十分龐大而複雜的問題，因篇幅關係恕筆者無法對此作進一步的探討，有興趣的朋友，可以參閱由莎絲奇雅·薩森（Saskia Sassen）所寫的《大驅離：揭露二十一世紀全球經濟的殘酷真相》（*Expulsions - Brutality and Complexity in the Global Economy*, 2014），以

及由約瑟夫‧斯蒂格利茨（Joseph Stiglitz）所寫的《再訪全球化及其不滿者：特朗普時代的反全球化運動》（*Globalization and Its Discontents Revisited - Anti-Globalization in the Era of Trump*, 2019），然後作出你的判斷。

　　最後筆者想探討的，是一條就算對歷史毫無興趣的人都會說得出的「歷史規律」，那便是：「哪裡有壓迫，哪裡便有反抗」，而且「壓迫愈大，反抗愈大」。

　　從生物演化的角度看，無論是「侵略性行為」還是「反擊行為」，都是演化邏輯下的產物。由此看來，「壓迫導致反抗」確有其「規律性」。但歷史亦告訴我們，「反擊」的行為傾向，可以在巨大的「壓迫」下長時間被壓制下來，較名顯的例子是羅馬帝國下的奴隸制度（超過一千年）、西方（特別是美國）的黑奴制度（約350年）、中國滿清的統治（270年）等。我們當然可以事後孔明地說「這些壓迫最終不是被推翻了嗎！」但對於身處這些時代的人，跟他們談「歷史規律性」只是一種殘忍的諷刺。

7.3 從「統計預測」到「動力預測」

　　本章的副題是「誘惑與陷阱」，以上我們已經頗為詳細地分析了有關的陷阱。可大家都很清楚，筆者還是抵受不了「預測未來」的「誘惑」，否則也不會撰寫這本以《人類的前途》為題的書籍。由現在起，我是以「明知不可為而為之」的心態來嘗試推測人類未來的發展方向。背後最大的動力是滿足我自己的好奇心，其次是希望能夠為讀者（及至社會）提供一些啟示，指出一些我們現時必須努力的方向，令人類可以「趨吉避凶」。

　　將「預測未來」作為一門學問來看的話，只專注於科技發展的我們稱為「科技預測」（technological forecast）；如果將探究的領域延伸至社會變遷的話，我們稱之為「未來學」（futurology）。

　　「預測未來」可以是一門學問嗎？你可能會問。的確，看過本文至今的分析，你的結論可能是：對未來的預測，恐怕永遠只能是天馬行空的胡亂杜撰罷了。筆者曾經在香港天文台（實質是氣象局）工作近十五年，核心的工作是天氣預報。好了，就讓我以颱風預報為例，看看在「天馬行空」以外，我們怎樣努力嘗試預測未來。

　　現在假設有一個颱風在太平洋的西北部形成，並且一直增強並以西北偏西的路逕，移至呂宋島以東的海域。我們要是想知道它在12、24、36、48、60、72小時之後的（1）位置和（2）強度的話，可以採取

什麼方法呢？

　　第一個方法是「持續法／延伸法」（persistence），又稱「線性外推法」（linear extrapolation），就是將颱風以往的位置和強度變化作簡單的外推（為簡單起見，以下我們只集中位置的變化）。例如它在過去24小時採取了西北偏西的方向以時速15公里的速度移動，我們便假設它在未來24小時也以同樣方式移動。大家可以看出，這是一個毫無技巧的「懶人預報法」，但由於事物的慣性，在短期內（如 6-12 小時）確也有一定的參考價值。

　　顯然，隨著時間的推移，線性外推的參考價值會不斷下降。要預測未來24 、36、48小時甚至更長時間的變化，我們可以採取另一個叫「氣候學」（climatology）的方法。按照這個方法，我們會找來歷史紀錄上（如過去一百年）在同一段日子和同一個大概位置所出現的颱風，然後計算所有這些颱風在不同時段後的「平均位置」。顯然，這個方法較簡單的外推法多了一點「科學成份」，也就是假設在地球公轉的四季更迭過程中，每年在同一時份和同一位置出現的颱風皆會有類似的動向。

　　在現實運作中，我們會把上述兩個方法的結果疊加起來然後取其平均值，這個方法我們稱為1/2 (P + C)方法，其中的P代表 persistence 而C代表 climatology。這是我們進行 24 小時預報首先參考的「第一近似值」。

　　再進一步的話，我們會採取「類比法」（analogue method），那便是在考察了更多的氣象要素（meteorological parameters），如附近的氣壓分布、地面風場、不同高度的高空風場等，找出歷史上與這個颱風條件

202

最為接近的一個個案。接著，我們以這個個案的發展過程來預測今天這個颱風的未來發展，其間亦會因應兩者不盡相同的地方而作出修正。

在電腦可以進行大量和高速運算的前提下，我們可以考察更多的氣象要素和個案而將「氣候法」和「類比法」結合起來，從而進行統計學的「回歸分析」（regression analysis）。總的來說，統計學方法的前提是「歸納推理」（inductive reasoning），即未來將與過去相似（昨天太陽從東方升起，所以明天也會一樣；昨天的金屬導電，所以明天的也一樣），而個案數目愈大，預測值的準確度也愈大（千百年來太陽每天都從東西升起，所以……）。

再進一步的統計學方法包括「時間序列分析法」（time series analysis）、「蒙地卡羅分析法」（Monte Carlo method）等，詳情就不在這裡介紹了。

對於在念物理學出身的筆者，所有這些統計性方法（statistical methods）都是令人非常不滿意的。因為任何物理系統都會遵循一套特有的動力學方程（dynamical equations），而要預測這個系統的未來演變，最嚴謹的方法當然是建立起這套方程，然後再找出有關的「初始條件」（initial conditions）和「邊界條件」（boundary conditions），然後再把某一時刻的資料輸入方程式之中，再演算出系統於未來某一刻的物理狀態。也就是說，我們真正要採用的不是「歸納推理」而是「演繹推理」（deductive reasoning）。

這種基於「演繹推理」的「動力學方法」（dynamical methods）無疑是科學家的理想，但它的技術難度較統計方法大得多。動力學可以

預測桌球因互相碰撞而出現的位置和速度變化，因為其間涉及的動力方程和系統要素相對簡單；但要預測颱風的動向的話，我們必須掌握地球大氣層這個極其複雜系統的眾多變化，難度有著天淵之別。(留意「動力學方法」只是一個統稱，有關的方程還包含著各種物理上的「守恆定律」(conservation laws)，所以更準確的名稱是「分析性方法」(analytical methods)。)

饒是如此，過去數十年來，藉著超級電腦的幫助，氣象學家在這方面已經取得了很大的進展。透過「大氣方程組」(atmospheric equations) 的演算，我們如今已經像文首所言，對未來十數天的天氣作出大致準確的預測。

可以看出，湯恩比對人類眾多文明的比較性研究 (comparative studies)，並由此提出的「挑戰與回應」規律 (見第一章)，所採取的研究進路，基本上屬於統計性方法。相比起來，馬克斯和恩格斯提出的「辯證唯物史觀」和阿西莫夫所虛構的「心理史學」，則大致屬於動力學方法。阿西莫夫更在小說中聲稱，正如牛頓為了研究天體運行的規律而創立了微積分這門全新的數學，薛頓為了研究人類社會運行的規律，也自創了一套全新的數學分析方法。

在現實世界，很多預測都會遵循「只要捉到老鼠便是好貓」的原則，將「歸納法」和「演繹法」甚至是個人 (特別如果這個人是個賭徒) 的神秘直覺 (intuition) 結合在一起。較有嚴謹學術基礎的則是「貝斯統計推斷法」(Bayesian inference)。這些方法廣泛應用於賽馬結果的預測、電影票房的預測、股市走勢的預測、公司季度業績的預測、社會

整體經濟增長的預測、藥物療效的預測、手術成效的預測、傳染病蔓延情況的預測等。

有一種預測是最為有趣的，便是邀請一大群對某一課題有深入研究的專家學者，然後個別地要求他們對一些特定的問題各抒己見。之後，每一個人的（主觀的）答案會被匿名地提供給其他人作參考。按照這些資料，每位專家會被要求提供新一輪的答案。這個過程可以重複多次，直到出現一個為大多數人都支持的答案為止（當然這種情況不一定會出現）。這個方法被稱為「德菲爾方法」（Delphi method），名稱來自古希臘的「德菲爾神廟」（Delphi oracle），因為按照傳說，那兒的女祭司可以傳達阿波羅神的「神諭」，因此擁有預知未來的能力。

「德菲爾方法」應該是預測未來的最強有力方法了吧？但說出來使人臉紅。假設我們在1989年底找來一百個研究蘇聯的專家、以及在2006年中找來一百位頂尖的財經專家，然後以「德菲爾方法」叫他們預測兩年後的局勢，你道他們會得出「蘇聯崩潰」和「全球金融海嘯」的結論嗎？

不過這種「敗績」正是我寫作本書的原動力，既然頂尖專家的眼鏡都可以跌得一地粉碎，我又何妨一試呢？

7.4 想像和勇氣的 軟弱

　　了解過各種的「預測方法」之後，讓我們回到「未來學」這個課題之上。最先將「未來學」這個概念帶到普羅大眾之中的，是上文提到的《未來的震激》一書。兩年後，「羅馬俱樂部」發表了《增長的極限》（The Limits to Growth, 1972）這份劃時代的報告，其中深富前瞻性的指出，由於人類經濟活動的爆炸性增長，到了廿一世紀，無論在能源、糧食、礦物資源、環境污染等各方面，人類社會都會碰到自然界的物理極限。這份報告可說是人類嘗試預測未來的劃時代成果。

　　喜愛科幻小說的人都知道，人類對未來的探索當然較上述的嘗試早得多。我們已經看過阿西莫夫有關遙遠未來的《銀河帝國三部曲》，其實早於十九世紀下半葉，法國作家凡爾勒（Jules Verne）便已經在他的小說中作出了一系列精彩的科技預測（包括潛艇和登月飛船）。到了十九世紀末，英國作家威爾斯（H.G. Wells）將這種對未來的想像提升到一個嶄新的境界。例如在《時間機器》（The Time Machine, 1895）這部小說裡，他以駭人的筆觸，把人類社會的「兩極分化」現象（social polarization）推至可怕的邏輯結論。

　　踏入二十世紀中葉，科幻小說在描述生態環境災難方面也跑在學術研究的前頭。約翰・布魯納（John Brunner）於 1968 年發表的《站在桑給巴爾》（Stand on Zanzibar）便以沉重的筆觸，描繪出「人口爆炸」導

致全球環境崩潰的駭人景象。

相信大家都聽過《2001太空漫遊》（*2001 A Space Odyssey*, 1968）這部經典的太空科幻電影。他的原作者是科幻大師克拉克（Arthur C. Clarke）。克拉克的眾多作品固然對未來作出了各種臆測，但就如何思考未來而言，最富於啟發性的，是他於1962年發表的非小說類作品《未來剖視》（*Profiles of the Future - An Inquiry into the Limits of the Possible*）。

在書中，克拉克指出人類在推測未來的發展趨勢時，往往會犯上「勇氣的軟弱」（A Failure of Nerve）和「想像力的軟弱」（A Failure of Imagination）這兩大毛病。前者的例子包括

- 直至十九世紀初，科學界仍然不相信隕石是由太空掉到地球的物體（因為太匪夷所思了）；
- 1895年，物理學家開耳文（Lord Kelvin）宣稱「重於空氣的飛行」（heavier-than-air flight）是永遠不可能實現的（結果8年後被證實錯誤）；
- 1934年，愛因斯坦認為釋放和駕馭原子內部的巨大能量是沒有可能的事情（結果十年後被推翻）；
- 直至上世紀中葉，仍然有不少人認為「登陸月球」是「妙想天開、不切實際」的胡說八道；

綜合上述的例子，「勇氣的軟弱」一般指我們只是看到眼前的東西，而不肯（不敢）接受新事物出現的可能性，更不敢將事物發展的趨勢推到它的邏輯結論。上文我們稱「線性外推法」為「懶人預報法」，但遺憾的是，大部分人就是連這種預報法帶來的結論也不肯接受。在

今天，不肯面對複式經濟增長的不可持續性質，以及不肯承認全球暖化必會為人類帶來浩大的災劫，又或是「零八金融海嘯」的後遺症必會導致另一次金融崩潰……等，都可被歸納為這種「勇氣軟弱」的表現。此外，認為人類永遠沒有可能前往遙遠的恆星（而不只是太陽系內的天體）探險也屬這類。（較具爭議性的例子則是「電腦會否產生自我意識」？以及上一章提到的「科技奇點」是否會出現？）

至於後者的「想像力的軟弱」，例子包括

- 1842年，法國哲學家孔德（Auguste Comte）指出，宇宙間有些事情是人類永遠無法得悉的，例如恆星的化學構成（結果十多年後被推翻）；

- 十九世紀末，有人指出隨著倫敦市內的馬車數量急劇增加，於不久的將來，整個倫敦必然會被埋藏在馬糞之下（結果當然是，汽車的出現令作為日常交通工具的馬車絕跡）；

- 隨著電話網絡的普及，曾經有人預言，用於電話線的銅會供應短缺價格飈升，從而限制了全球網絡的建設（結果是光纖出現，而跨洋過海的網絡不再需要使用銅這種物質）；

- 1943年，萬國通用機器（IBM）的總裁被問及電腦市場的前景時說：「我相信全世界的總需求大概是5部左右吧。」

- 電腦發展的初期，一些人認為英語的掌握會對非英語的民族構成莫大的障礙，因為電腦不能處理其他（特別是不以字母為本）的語言（結果是電腦完全可以處理其他不同的語言）；

- 在人類文明未出現之前，自然界沒有所謂「垃圾」這種東西，因為任何一個生態系統的「廢物」，都會成為另一個生態系統的「原料」。那麼人類是否可以仿效大自然，實現「零廢物」的循環經濟呢？對絕大部分人來說，這個目標也是「難以想像」的。

可以看出，上述兩種「軟弱」不是嚴格區分，而是互有重疊的。但它們都告戒我們，凡事都不能畫地為牢固步自封，而必須以開放的心態來看待事物發展的各種可能性。學者詹明信（Fredric Jameson）曾經慨歎：「我們如今是寧願想像世界的末日，也無法想像資本主義的終結。」（It is now easier to imagine the end of the world than an end to capitalism.）這既是「勇氣的軟弱」，也是「想像力軟弱」的最佳例子。

除了上述的洞見外，克拉克的讀者更從他的眾多著作中，總結出

著名的「克拉克三定律」(Clarke's Three Laws)：

1. 當一個德高望重的科學家說某一事情有可能，他很大可能是對的；但當他說某一事情不可能，他很大可能是錯的。
2. 要找出可能性的界限，便要嘗試超越這個界限去到「不可能」的境界。
3. 任何足夠先進的科技文明將會與魔術無異。

有關未來的預測，克拉克還有一名句很值得我們參考，那便是：「我們進行短期預測時多會過份樂觀，而進行長期預測時則會過份悲觀。」(We tend to over-forecast in the short-term, and under-forecast in the long-term.) 這種情況當然有其道理。就第一種情況而言，事物的發展是需要時間和經歷一定過程的，但我們很可能因為對新事物的出現過於興奮雀躍，於是忽略了箇中所需的過程而就短期而言作出過份樂觀的預測。就第二種情況而言，由於我們的人生經驗不外乎數十寒暑，要我們預測過百年甚至數百年後的事，我們往往只能就已有的經驗作出簡單的引申，結果長遠來說必然過於悲觀。(留意這兒的「樂觀」指高估了事物的發展趨勢；而「悲觀」則指低估了事物發展的趨勢，因此與事物本身的好與壞沒有關係。)

與克拉克同期也齊名的另一位科幻大師是我們已經提過的阿西莫夫。他對人類昧於事物的變化也有十分精辟的批評：「最令人驚訝和沮喪的一回事，是人類永遠不肯面對那些顯而易見和無可避免的事情，然後當事情發生時，卻抱怨它們是如何的突如其來和出人意表。」

在我們嘗試預測人類前途之時，懇請大家謹記克拉克和阿西莫夫的忠告。

8.1 歷史的視野

第一次世界大戰後不久，威爾斯（H.G. Wells）撰寫了《世界史綱》（*An Outline of History*, 1921）一書。他在序言裡明確地說：「我們至今明白，沒有遍及世界的和平，便不會有真正的和平；沒有遍及世界的繁榮，便不會有真正的繁榮。而沒有共同的歷史理念，普及的和平和繁榮將不可能實現。如果我們繼續受著狹隘、自私和充滿矛盾的民族主義傳統所支配，所有種族和人民將會無可避免地掉向衝突和毀滅的深淵。」

威爾斯之言，當然是有感於慘痛的第一次世界大戰而發。但在一百年後的今天，他的洞見只有更為適用。在經歷了超過半世紀的全球化浪潮之後，今日的世界已經成為了一個「命運共同體」。在面對氣候災難、生態崩潰、海平面上升、全球瘟疫、貿易戰、金融風暴、經濟衰退、社會動盪、難民潮、網絡監控、恐怖襲擊、法西斯主義復活等等問題上，沒有一個國家能夠獨善其身。

在這個大前提底下，以下就讓我們嘗試推斷，以2020年起計的五十年後，世界會變成怎麼樣。

五十年究竟屬於長還是短的時間？對於個人來說當然屬於長：一個今天20歲的年輕人，五十年後已經是一個70歲的老者，即使他能夠活到100歲，這五十年也已經是他（她）的大半生。

對於人類數千年（更不要說過萬年）的歷史來說，五十年當然是一個非常短的時間。至於有多短，端視乎我們考察的歷史時期而定。若我們考察的是古埃及延綿超過800年的「古王國時期」、或是中國商朝所覆蓋的600年其間，五十年當然微不足道。但假如我們考察的是近、現代史，五十年已經可以帶來翻天覆地的變化。例如1770-1820年其間，便經歷了美國獨立、法國大革命、拿破崙戰爭、蒸發機的發明和工業革命起飛等重大事件。 1900-1950年其間，則更經歷了一次經濟大蕭條、兩次世界大戰、原子彈和電腦的發明、聯合國的成立、印度的獨立、中華人民共和國的成立等大事。不用說，這便是上文提過的「文明大加速」的寫照。

我們在本書的開首說過，正如跳遠時需要助跑而射箭時需要挽弓，我們在預測未來之時，也好應先作一定的回顧。以2020年為出發點，讓我們先簡略地回顧一下五十年前的1970年、一百年前的1920年、以及一百五十年前的1870年是怎麼的樣子：

1970年：人類登陸月球的第二年；西方大型校園抗議運動（68運動）之後的第三年；「激光」發明後第十一年，「積集電路」（integrated circuit）發明後第十二年，「氫彈」發明後第十九年；美元跟黃金脫鉤的前夕；電視滿佈關於「越戰」的新聞，大量橙劑毒藥（落葉劑）和燒夷彈被投擲到越南的土地上；中國則正陷於「文革」的瘋狂。個人電腦還未出現（電腦的輸入要靠打孔咭），電郵、互聯網和智能手機還在二十多年後的未來。首次成功的人工授孕還要再等八年。大氣層中的二氧化碳濃度是325 ppm（相對於2020年的415ppm）。

1920年：中國「五四運動」後的第二年；第一次世界大戰後的第三年，國際聯盟（League of Nations）成立，凡爾塞條約簽署。婦女剛於美國獲得普選權（在英國是1918年，但只限於30歲或以上及擁有物業（或丈夫擁有物業）的女性）；美國聯邦儲備局（等於中央銀行）成立後第八年；「3K黨」在美國肆虐；民航事業剛剛起步（飛機在十七年前發明）；最初的電台廣播服務開始，電影仍在默片時代，電話和電視仍未普及；抗生素（盤尼西林）的發明還在八年後的未來。大氣層中的二氧化碳濃度是300 ppm。

　　1870年：諾貝爾發明烈性炸藥後第四年；美國黑奴解放後第六年；日本「明治維新」開始後第三年，中國「洋務運動」開始後第十年；

印度正式成為英國殖民地之後十二年；香港被割讓給英國後二十八年，大英帝國如日中天。達爾文發表《物種起源》後十一年，馬克斯發表《資本論》（第一卷）後七年。電燈泡和汽車當時還未面世，所以街道照明（指在發達國家）用的是煤氣燈，路面上跑的是馬車。無線電通信仍然在三十年後的未來。全世界的婦女仍未有選舉權。大氣層中的二氧化碳濃度是285ppm。

看罷上述的回顧，要為2070年撰寫一段類似的（虛擬）「描述」，我相信就是最學識淵博的歷史學家和最頂尖的科幻小說作家也不敢輕易下筆。的確，正如1870年的人無法預見1920世界的模樣、1920年的人無法預見1970年世界的模樣，要身處2020年的人預測2070年的世界，是接近「不可能的任務」。

這是否表示我們沒有什麼可做呢？筆者既然立志寫這本書，當然不同意這種消極的看法。不錯，我們寫的東西在50年後的人看起來必然十分「天真、幼稚」，但我認為這樣做仍有很大意義，而且也有其必要。我們無法預見一些全新的發展，但仍可就已有的發展作出預測和警告。只要我們虛心地記著，最後影響大局的，往往是我們現時懵然不知的因素便行了。

8.2 ▶ 懂得 問什麼問題

天文學家愛丁頓（Arthur Eddington）曾經鞭辟入裡地指出：「在科學探求上，提出問題往往比尋找答案更為重要。」的確，如果我們連問題也不懂得問，又怎會懂得去尋找答案呢？中文的「學問」一詞，實已包含著這個簡單而深刻的道理。

此外，物理學家開耳文（Lord Kelvin）則說：「若你能夠對所討論的事物作出量度並以數字來表示，你對這事物可說有點認識；相反，你若不能對它作出量度，並無法以數字來表示，表示你的認識只是十分膚淺而無法教人滿意。」

基於上述的智慧，筆者擬定了以下一系列以數字為答案的問題。我的看法是：要想知道50年後（2070年）的世界大致是什麼樣子，嘗試斷定這些問題的答案是必要的第一步：

(1)　屆時大氣層中的二氧化碳濃度是多少？

(2)　屆時二氧化碳的人均排放量是多少？

(3)　全球海平面將較今天的高出多少？

(4)　全球氣候難民的數目為何？

(5)　野生生物數量比起廿一世紀初減少了多少？

(6)　世界的總人口是多少？

(7)　人類的平均壽命為何？

(8) 人類的平均退休年齡為何？

(9) 全球人均國民生產總值為何？

(10) 貧富懸殊的程度（堅尼系數）為何？

(11) 全球處於貧窮線下的人口（及人口比例）為何？

(12) 全球債務總額為何？

(13) 全球有多少個國家？

(14) 聯合國安全理事會中的常任理事國數目為何？

(15) 擁有核子武器的國家數目為何？

(16) 洲際道彈與核彈頭的全球總數為何？

(17) 有多少個國家的人民可以透過普選產生最高領導人？

(18) 電腦的最高運算速度為何？（預測每隔兩年電腦運算速度便會翻一番的所謂摩爾定律（Moore's Law）還會適用嗎？）

(19) 信息儲存的最高密度為何？

(20) 每個星期的平均工作天數為何？

當然我們還可以繼續問下去，例如當時的「車輛數目為何？」、「全球每日的飛機航班的數目為何？」、「家居機械人的數目為何？」、「海洋的酸鹼度為何？」、「人口中有百分之幾是（1）大學畢業生？（2）有互聯網戶口？（3）從事工業生產？（4）是素食主義者？……」但我相信就以這20條問題的答案，已經可以勾勒出一幅頗為鮮明的未來圖像。筆者不會對問題逐一作答，而是會把關係較大的問題綜合起來分析。由於頭5條的問題太重要了，我會在下一節另行深入探討。以下就讓我們先看看與人口有關的問題。

筆者執筆的2019年底，聯合國公布的世界人口是77億，相比起

來，2000年的人口是剛過60億，而1900年之時是16億。

按照人口專家的推斷，世界於2050年的人口會達98億，而到2100年會達112億。也就是說，在我們的特選年份2070年，世界人口必已突破100億大關，亦即單是增幅（與今天比較）便已較1900年的全球總人口還要多。由於大部分富裕國家的出生率在今天已經趨近零甚至是負數，除非有一些我們無法預見的突變，上述的增長主要會來自第三世界國家。

若我們暫時不考慮生態環境崩潰導致的人道災難（包括戰爭），則隨著醫藥的進步，無論貧國或富國中的人，平均的壽命皆可望繼續增加。在富裕國家中，這個壽命應會突破100甚至110歲，而達到120歲的「人瑞」也會愈來愈多。

這種轉變直接引申的一個問題是：即使在富裕的國家，人們的平均退休年齡會因此而不斷被延後嗎？如果不會（例如保持在65-70歲），則面對比例上愈來愈大的退休人口，政府如何能夠提供所需的退休保障？如果確會不斷被後延，則是否表示到了那個年頭，絕大部分八、九十歲的人都會仍在工作呢？如果是後者，年輕人的向上流動機會不是會愈來愈低嗎？這樣的一個「老人社會」是我們想見到的嗎？（其實這個趨勢已經開始了，筆者執筆時，美國總統是73歲，而馬來西亞總統更是94歲……）

還有的是，即使平均壽命達110歲，並不保證之前的二、三十年能夠擁有很好的自理能力。如果壽命的延長主要集中在需要深切照顧（intensive care）的晚期階段，那將會為社會帶來非常沉重的負擔。

即使在今天，一方面因為壽命延長，一方面因為出生率下降，「老齡化」已經是眾多發達社會中的嚴重問題。展望50年後，這個問題只會變得更嚴重。在資本主義生產模式下，勞動力不足（即求過於供）會導致「工資上漲」和「消費不足」（老年人的消費水平一般不及年輕人），這是損害利潤的雙重災難。而即使我們能夠超越資本主義的經濟制度，出生率不足的邏輯結果是「人口塌縮」以及隨之而來的人類滅絕。

好消息是，在所有面對人類的難題之中，要在「人口爆炸」和「人口塌縮」之間取得平衡是最容易不過的，那便是達到「每對夫婦平均生兩個小孩」的「補充水平」（replacement level）。較具體而言，由於是要照顧夭折、獨身主義和同性戀的影響，人口學家告訴我們，實際的數值應該是「每對夫婦平均生2.1個小孩」。

按照聯合國專家的預測，發達國家的偏低出生率和發展中國家的偏高出生率到本世紀末有可能互相抵消，而世界人口可望趨近穩定（粗略估計是120億）。但在這之前，我們仍會受到「人口增長」和「老齡化」的兩面夾擊。而在富裕國家，輸入外勞以補充勞動力的不足是無可避免的選擇，而移民帶來的問題將會持續一段很長的時間。（這還沒有包括氣候難民和戰爭難民的影響。）

最理想的情況，是無論發達國家還是發展中國家，都盡快達到「補充水平」，這是人類長治久安的唯一選擇。結論是，全世界的基礎教育，都必須將這個原則納入課程之中，這較「進食前洗手」是更為重要的一項常識。

至於「全球人均生產總值為何？」，自然反映出我們對未來的經濟

前景悲觀還是樂觀。然而，我們愈來愈發現，這種前瞻必須超越傳統經濟學的分析，而包括大自然所能承受的能力。無論喜歡與否，今天的經濟學家也必須成為環境生態學家，否則他們的任何預測皆會嚴重脫離現實。

我們毋須主修統計學，也知「人均值」（per capita value）背後可以隱藏著人與人或國與國之間的巨大差異。所以接著下來的兩條問題（堅尼系數與貧窮人口）所問的基本是：2070年的世界會是一個較今天平等和均富的世界？還是一個貧富更加懸殊和財富更加集中的世界？

廿一世紀伊始，聯合國發表了「千禧發展目標」（Millenium Development Goals, MDGs）計劃，列出了希望在2015年或之前達到的、以消滅赤貧和饑餓為首的15個全球發展目標。由於一大部分目標沒有如期實現，聯合國再於2015年發表了17個「可持續發展目標」（Sustainable Development Goals, SDGs），目標是在2030年或之前實現：

1) 消除各地一切形式的貧窮；
2) 消除飢餓，達至糧食安全，改善營養及促進永續農業；
3) 確保健康及促進各年齡層的福祉；
4) 確保有教無類、公平以及高品質的教育，及提倡終身學習；
5) 實現性別平等，並賦予婦女權力；
6) 確保所有人都能享有清潔用水、衛生環境及其永續管理；
7) 確保所有的人都可取得負擔得起、可靠的、永續的，及現代的能源；
8) 促進包括所有人且永續的經濟成長，達到全面且有生產力的就

業，讓每一個人都有一份好工作；

9) 建立具有韌性的基礎建設，促進包容且永續的工業，並加速創新；

10) 減少國內及國家間的不平等；

11) 促使城市與人類居住具包容、安全、韌性及永續性；

12) 確保永續消費及生產模式；

13) 採取緊急措施以應對氣候變遷及其影響；

14) 保育及永續利用海洋與海洋資源，以確保永續發展；

15) 保護、維護及促進陸域生態系統的永續使用，永續的管理森林，對抗沙漠化，終止及逆轉土地劣化，並遏止生物多樣性的喪失；

16) 促進和平且包容的社會，以落實永續發展；提供司法管道給所有人；在所有階層建立有效的、負責的且包容的制度；

17) 強化永續發展的執行方法及活化永續發展的全球夥伴關係

　　留意上述每一個目標之下其實都有具體得多的論述與指標，有興趣的朋友可以在網上查看。我們顯然無法深入探討每項目標，我們關注的，是這些本應在2030年實現的目標，在2070年是否都已超額完成呢？如果是的話，我們將生活在一個較今天遠為安全、平等與和諧的世界。

　　當然，制訂這些SDGs目標並不難，困難在於如何實現，因為其間牽涉到眾多極其複雜的社會、經濟、政治、國際合作和全球化資本主義下的地緣政治角力等因素。各位閱讀本書至今，自應知道我們面對的困難有多巨大。

至於接著下來的「全球的債務總額是多少？」，是想刺激大家思考一下，全球經濟的「金融化」亦即我們的「債務文明」將會發展到怎樣的地步。換個角度看，自2020至2070年間，世界還將會發生多少次金融動盪和經濟危機？而它們的影響又有多嚴重？再換個角度看，當時流竄全球的「熱錢」會是全球生產總值的多少倍？「槓桿化」和「去槓桿化」之間的角力會是怎樣？進一步看，美元的地位會否維持不墜？還是會被一個多元的世界貨幣體系所取代（或至少是分庭抗禮）？投資者最想知道的當然還包括：美國「道瓊斯指數」（Dow Jones Index）和「納斯達克指數」（Nasdaq Index）會是多少？黃金的價值又會較今天的高出多少？還是它的交易已經無人問津？

不用説，這些都是任何想投資致富（或只是投資保值）的人（即所有人）都想知道答案的「億兆元問題」（trillion-dollar questions）。回顧1970至2020年間的經濟危機和黃金價格等，大家會得到什麼啟示呢？

以下讓我們談談一個筆者認為更有趣的問題：「全球那時有多少個國家？」我相信大部分讀者都會認為這條的答案是最容易的，因為「不就是和今天的差不多嗎？還可以有什麼顯著的改變？」

真的嗎？請大家看看，如果我們考察的是1920至1970這50年，隨著殖民時代的終結，這個數目差不多翻了一番。我同意短期內歷史不會重演，卻認為「一成不變」是天真和幼稚的。不要忘記，印度吞併錫金（Sikkim）是1975年，而烏克蘭的克里米亞（Crimea）半島併入俄羅斯聯邦是2014年。相反，蘇聯解體後導致了十多個國家的獨立（1992）、同時期的南斯拉夫解體令國家一分為五。即使到了今日，加泰羅尼亞（Catalonia）的人仍想脫離西班牙獨立，而中東的庫爾德族人（Kurds）仍然夢想擁有自己的國家。今天，聯合國承認的國家數目是197個（成員國則是193個），我認為2070年之時這個數目一定會有所變化，有誰敢跟我打賭呢？（當然賭局揭曉時我早已不在世了。）

更有意思的一道問題是「聯合國安理會的常任理事國數目為何？」眾所周知，自二戰以來的75年，理事國都是「中、英、美、法、俄（蘇）」這5個戰勝國。由於任何決議案只要有一個成員反對便可被否決，在「美、蘇抗衡」和「中、美抗衡」的歷史背景下，這個「安全理事會」（Security Council）的世界領導地位一直形同虛設。

由五個國家來決定世界事務當然不合乎民主原則。理論上聯合國

的最高權力機構是「全體會員大會」（General Assembly），但要193個成員國在眾多重大的議題上取得共識是非常困難的一回事。此外，在投票時，不論人口、面積和經濟發展狀況都是「一國一票」的規則也不符合公平原則。例如筆者身處的香港只是一個城市，但世界上接近一半的國家人口比香港少，它們包括了挪威、芬蘭、丹麥、保加利亞、巴拉圭、烏拉圭、紐西蘭、新加坡、冰島等，更不要說南太平洋的眾多島國。但在投票時，三十多萬人的冰島是一票，十四億人的中國也是一票，這很難說符合「少數服從多數」的民主原則。

在筆者看來，要應付人類面臨的眾多全球性挑戰，聯合國必須發揮更積極的作用。而要強化聯合國的功能，安理會必須進行重大的改革以增加其認受性。過去數十年來，根據經濟和地緣政治的影響力而組成的「G20」集團是一個很好的開端。這20國按GDP排列是美國、中國、日本、德國、印度、英國、法國、意大利、巴西、加拿大、南韓、俄羅斯、澳洲、墨西哥、印尼、沙地阿拉伯、土耳其、阿根廷、南非，另外還加上歐盟（世界第二大經濟體）。

要增加代表性，筆者建議加入以人口計的頭10位但不屬G20的國家，實質上這只會加上三個新成員：巴基斯坦、尼日利亞和孟加拉。巴基斯坦的加入是十分合理的，因為她是一個擁有核子武器的國家。

從擁有核武這個角度看，筆者亦建議加入以色列（雖然她從不公開承認擁有核武）。而從地緣政治的角度，我認為也應加入她的死對頭伊朗，雖然她在人口上排第18，而在GDP上只是排25（其實也不低）。

好了，我們現在有25個安理會常任理事國，而其他國家可以輪流被邀請為沒有投票權的觀察成員。任何議案經提交和討論後，只要有

多於三分二即17票便可通過。

在這樣的構成下,成員國的總人口已經遠遠超過全球的一半,可說甚有代表性。而在這樣的決策安排下,沒有一個集團(無論帶頭的是美國、中國還是俄羅斯)可以輕易壟斷安理會的運作。如此一來,人類應對全球性災難的能力將會大大加強。

第15和第16兩條問題(核武國家和核彈數目)是迫使我們思考,我們長遠來說是否應該致力推動「核子裁軍」(nuclear disarmament)甚至「全球無核化」(global de-nuclearization)。道理很明顯,因為一場核子大戰不會有「贏家」,而全人類都會是輸家。今天的「核子俱樂部」(Nuclear Club)成員包括美國、俄羅斯、中國、英國、法國、印度、巴基斯坦、以色列和北韓。不用說成員數目愈多爆發核戰的機會愈大。如果上述的安理會改革能夠實現,除了對抗全球暖化危機外,新安理會的首要任務應該是「核子裁軍」。

第17條問題(多少國家領袖由普選產生)是想知道,2070年的世界是一個民主已被發揚光大的世界,還是民主大幅倒退的世界。反過來說,專制主義是否會愈來愈強大,而小說《1984》中的景象會成為人類的主旋律?在第五章「民主與專制的鬥爭」一節中,我們已經看過近十多年來,全球民主出現大倒退這個令人不安的現象。放眼50年後,人類是否會重回專制主義的舊路呢?

這個令人憂慮的發展實有三個可能性,一個是專制主義在我們今天所認識中的國家不斷強化,另一個是出現了一個專制的「世界政府」,至於第三個,則是現存的國家分崩離析,全球出現了無數專制的「軍閥政權」。筆者在危言聳聽嗎?在以下一節,我們將進一步探討這

些不同的可能。

　　第18和19條題目都和電腦有關，目的是迫使我們思考，電腦和人工智能的發展在2070年會去到一個怎樣的地步？我們真正想知道的，是在「光學電腦」（optical computers）、「量子電腦」（quantum computers）和一些我們還未知曉的新技術推動下，電腦是否已經在多方面超越人類，以至聯合國安理會其實只需要一個成員：一個可以不眠不休不偏不倚地管治著地球的「超級智能電腦」？（這正是阿西莫夫在1950年所寫的短篇小說《可避免的衝突》（*The Evitable Conflict*）之中的假設。）此外，「電腦覺醒」和「心靈上載」等「科技奇點」出現了嗎？而即使兩者仍未出現，人類是否已經好像上一章提及的故事《機器休止》所述，因為過份依賴電腦而隨時「死在機器的懷裡」？（原因可能是上述的「超級智能電腦」出錯，就像經典科幻電影《2001太空漫遊》中的電腦HAL出錯一樣……）

　　至於最後的一條問題：「每個星期的平均工作天數為何？」是筆者故意以一個較輕鬆的問題作結。雖說較輕鬆，但背後也包含著深刻的意義。首先，我們都知在歷史長河裡，「星期」是很晚近的事物（源於猶太教的安息日）。除了一些特別的喜慶節日，我們的祖先是全年工作無休。這樣看來，我們現在每七天至少可以休息一天（不少是休息一天半，一些先進國家更是兩天；美國工人爭取到「五天工作」是1929年），與我們的祖先比較起來可說是一大進步。

　　但人類學家告訴我們，我們的祖先雖然沒有「周末放假」的習慣，但這並不表示他們的工作時間比現代人長很多。恰恰相反，他們發現

古代的人雖然大致上「日出而作、日入而息」，但其間不會將「工作」和「閑暇」嚴格區分，亦即他們可以隨時放下手上的工作歇息一會。一個最明顯的例子，是直至二十世紀上半葉，熱帶地方的居民都有午睡的習慣。（中國在改革開放政策後才正式取消這個習慣。）

另一方面，人類學家在研究仍未進入農業社會的「採集──狩獵」型部落時發現，那兒的人平均每天只需工作三、四小時便可維持生計，其餘的時間可以跟朋友聊天和共享天倫。如此看來，我們今天的「窮忙族」及至專業人士每天竟要工作十小時或以上，是一種文明大倒退。

今天，一些學者已經認真地提出，應該進一步縮減每星期的工作日數。有趣的是，這個主張並非（起碼不是主因）讓我們擁有更多的閑暇，而是因為這樣可以（1）減低自動化（機器人化）所帶來的失業問題；以及（2）減低經濟活動水平（特別是由此導致的二氧化碳排放），從而減低對環境生態所造成的破壞。

大家至此可以看到，筆者最後這個提問並非順口雌黃。那麼你猜測的答案是多少呢？四天？還是更為樂觀的三天？（最近的一則新聞報導指，新任的芬蘭女總理 Sanna Marin 曾經倡議──雖然那時她未當選總理──芬蘭應該採取每周工作4天而每天只工作6小時的制度。）

不用我多說，上述20條問題的答案，實包含著我們對未來世界發展的眾多客觀判斷和主觀希冀，彼此間不一定具有邏輯上的一致性。這些答案更會深深受到首五條問題的答案所影響。好了，以下就讓我們看看這五條決定著「人類前途」的重大問題。

8.3 大自然的紅牌

這五條問題是:

(1) 屆時大氣層中的二氧化碳濃度是多少?

(2) 屆時二氧化碳的人均排放量是多少?

(3) 全球海平面將較今天的高出多少?

(4) 全球氣候難民的數目為何?

(5) 野生生物數量比起廿一世紀初減少了多少?

其實我們在本書的前半部,已經不止一次碰到這個生態環境瀕臨崩潰的問題。現在我們更為聚焦地問:到了 2070 年,大氣層中的二氧化碳濃度是多少?這個問題的答案,可謂包含著人類的生死存亡。(留意筆者執筆時,聯合國的「跨政府氣候變化專家組」(IPCC) 仍未發表舉世期待的《第六號評估報告》(Assessment Report No. 6),因此以下的內容,主要根據2014年發表的《第五號評估報告》,以及往後科學界所發表的修訂結果。)

讓我們重溫一下:今天的二氧化碳濃度是415 ppm (百萬分之415),較工業革命前期(約1850年)的 280 ppm 已經上升了48%。科學家預計,如果濃度超越 450 ppm,地球自工業革命前期以來的升溫,便會超越攝氏2度這道危險警戒線,而幅員廣闊的凍土會大規模融解,從

而釋放出大量甲烷氣體，令溫室效應和全球暖化出現失控的情況。

近年科學家更指出，攝氏 2 度已是過於危險。要阻止「凍土計時炸彈」的爆發，一道更安全的警戒線是 1.5 度。而按照現時的二氧化碳排放增長的情況，這道警戒線最快會於 2030 年便會被超越。也就是說，如果我們在未來十年無法大幅減排力挽狂瀾，到 2070 年之時，我們將會達至不可回頭的境地，而全球的環境生態會出現一波又一波的災難，其中包括糧食減產和瘟疫肆虐。（保守的估計是那時的全球平均溫度會較 1850 年的高出逾 3 至 4 度，而且在未來數百年還會繼續上升。）

科學家的計算顯示，要把升溫控制在 1.5 度的警戒線以下，全球的碳排放必須在 2030 年時減至今天的 50% 以下，而在 2050 年之前減至零。也就是說，在理想的情況下，2070 年時的人均二氧化碳排放量（第二條問題的答案）應該是零。

這意味著什麼？這意味著在未來 30 年，我們必須將所有化石燃料（煤、石油、天然氣）徹底淘汰，而將沒有碳排放的清潔能源（太陽能、風能、海浪、地熱以及一定程度的核能）的比例提升至百分之一百，亦即將今天全球的可再生能源應用規模增加 30 倍左右。留意這只是全球平均以言，對於不少還未應用任何可再生能源的地區，這更是一種徹底的改變。

相反來說，如果這個問題的答案是「較今天的高出很多」甚至「只是較今天的低出很少」，那麼人類的前途將會非常黯淡。等待著我們的是頻密的殺人熱浪、失控的山林大火、旱災、超級風暴、水災、海洋酸化、糧食短缺、淡水資源短缺、瘟疫蔓延⋯⋯不少專家更指出，

在這場災劫中，應負責任最少的第三世界國家的人民，所受的衝擊和苦難將會最大。這當然便是在國際氣候會議中常被提出的「氣候公義」(climate justice) 問題。

第三條問題的答案更包含著其中一項最大的衝擊：海平面上升。由於格陵蘭的冰雪和全球冰川的融化，全球海平面在過去一百年已經上升了超過20厘米。（因為北冰洋的海冰原本已浮於海上，它們的融化不會令海平面上升。）科學家告訴我們，即使我們能夠於短期內大力減排，由於大自然的時間延滯作用（主要是海洋的儲熱作用），海平面的上升仍會繼續好一段時間，樂觀的估計是起碼再升20至30厘米。

至於悲觀的估計（即可望將來也無法大力減排），則到2070年之時，升幅可能已超逾2米，而到下世紀初更可能達至3至4米。不用說這會對眾多人口稠密的沿海城市帶來嚴重的衝擊，而由此而產生的難民潮將教人不敢想像，保守的估計將在二十億以上（第四條問題的答案）。相比起來，今天歐洲所碰到的難民問題，將會是「小巫見大巫」。

兩極冰冠的融化程度是科學家始料不及的，這是因為兩處的全年平均溫度都遠在零度以下，以1850年至今所上升的1.2度，應該不會導致任何顯著的融化。但問題正出在「平均」這個字，原來全球暖化的地域差異可以十分之大，而高緯度（寒帶和極地）的升溫可以較低緯度的大很多。例如在格陵蘭，平均氣溫在過去一個世紀便已升了3至4度。2018年7月，挪威一處達北緯70度的地方，竟然一度錄得超過攝氏30度的高溫。我們之前看過，格陵蘭冰冠完全融化可令全球海平面上升達7米。

在南極，溫暖的洋流令南極洲邊沿的冰架（ice shelf，即直接連著陸地的冰冠，但之下是海水的冰層）急速融化。科學家的計算顯示，如果西南極洲的龐大冰架（West Antarctic Ice Shelf, WAIS）完全融化的話，全球的海平面將會上升23米。（本書校對其間的2020年2月6日，南極洲半島上錄得了18.3度的破天荒高溫。）

必須指出，按照科學家的推斷，無論是7米還是23米，海平面的上升不會是一朝一夕間的事，而是會延續數十年甚至過百年。問題是，這種情況一旦出現，人類有能力可以挽回嗎？

海平面上升不會一夜間發生，但科學家的另一項憂慮則可能隨時爆發，那便是隨著凍土的融解和大量半腐爛的動物屍骸（如長毛象）出土，千百萬年來蟄伏在泥土裡的細菌和病毒可能會復活。由於人類對這些古生物很可能缺乏免疫能力，一旦牠們引發嚴重的傳染病，後果會不堪設想。

這便把我們帶到最後一條有關生態崩潰的問題。可悲的結論是，除非我們能夠力挽狂瀾，否則「人類世」（Anthropocene）所帶來的「第六次大滅絕」，將令人類和多少無辜的物種同歸於盡。

面對生態和文明崩潰的可能性，科學家已在全球多處建立了「種子庫」（seed vaults，現代版的「諾亞方舟」），好讓文明崩潰之後，浩劫餘生的人類有機會得以延續和「翻身」。其中最著名的，是規模宏大和設備先進的「斯瓦爾巴全球種子庫」（Svalbard Global Seed Vault）。這一設施的主體埋藏於挪威北部的一個地質結構穩固的海島上。諷刺的是，這個應該固若金湯的設施，於2016年因為異常春暖帶來的大雨和融冰而受到水淹。雖然防水設備發揮作用，沒有做成什麼破壞，但自然界

— 231 —

變化的急速已教人心寒。

　　我們迄今談的都是全球暖化帶來的害處，難道暖化不會帶來一些好的轉變嗎？答案是：確會有一些好的轉變，例如植物的光合作用需要二氧化碳，所以二氧化碳水平上升會促進植物生長和令農作物增產。此外，天氣變暖會令到寒帶的居民在寒流侵襲下冷死（或因鏟雪而受傷）的人數大減。此外，不少學者皆指出，極地國家會因北冰洋的解凍而獲得不少新的天然資源（如格陵蘭上的礦藏和北冰洋下的石油）。俄羅斯和加拿大更會成為全球暖化的最大受惠者，因為暖化令苦寒之地成為可耕種的農田，所以西伯利亞和加拿大廣闊的地區會成為未來世界的「糧倉」。

可是研究亦指出，上述種種好處，將被暖化在全球帶來的巨大破壞所抵消有餘。上文提及的「全球糧食短缺」、「淡水資源短缺」、「瘟疫蔓延」等，其實已經將暖化所可能帶來的好處計算在內。

很明顯，人類的歷史發展正在進入一個極其高危的階段，如果以在河道上航行作比喻，我們正駛進一截異常凶險的急流區。要安全渡過的話，我們必須以最大的智慧、勇氣和毅力來迎接挑戰。否則，「人類文明」這條大船將會翻沉，而無數的人將會遭受沒頂之災。

讓我們重溫第三章的一句話：「廿一世紀肯定是歷史發展的一個「瓶頸」，而人類文明在本世紀內必然會出現重大的轉折。然而，這個轉折是在有意識、有計劃、有秩序的情況下作出，還是在世界崩壞天下大亂之後才被動地作出，其間將有天淵之別。」

是危言聳聽嗎？的確，絕大部分人都會假設：明日的世界只是今天的簡單延續。在短期來説，作出這種假設是合理也是必須的，因為不如此我們便無法規劃我們的日常生活。於是，「天下即將大變」這種説法很易惹來很大的心理抗拒，從而被看成為「危言聳聽」。

心理學家告訴我們，每一個人都想停留在他的「舒適區域」（comfort zone），要他離開這個區域是很痛苦的一回事。但事實俱在，鐵證如山：「一切如舊」已經不是一個選項（business-as-usual is NOT an option）。

但為何我們至今仍未覺得「大禍臨頭」呢？在講述複式增長時，我們曾經介紹「倍增期」的概念。讓我們再以一個例子説明箇中道理。假如一所大宅裡有一個偌大的荷塘。園丁最近發覺，荷塘上長了一些野草，而且野草的面積每一天便擴大一倍。過了很多天，園丁發覺野草已經佔據了半個荷塘。但那天他剛巧十分忙碌，於是他跟自己説：「野

草經過了這麼多天才長到這個地步,要清理也不急在一時吧!」於是決定明天才進行清理。

　　聰明的你當然已經猜到,園丁第二天到來時,發覺野草已覆蓋了整個荷塘,而荷塘裡所有生物都已窒息死掉。今天的人類,就活像前一天仍然在剩餘那半個塘裡愉快地游泳的魚兒和青蛙。

　　這兒有一個好消息和壞消息。先說好消息,就是人類即使不再使用任何化石燃料,文明也可以持續下去。一直以來,不少人以為「百分百可再生能源」是天方夜譚,但科學家的研究告訴我們,地球從太陽那兒所截獲的輻射能量,實較人類現今的能源需求大 8,000 倍。計算下來,地球在個多小時內所吸收的能量,已足夠人類全年之用。

若以空間計，假如我們在非洲撒哈拉沙漠陽光最猛烈的地方劃出一個邊長約 600 公里的正方形，它所吸收的太陽能已經足夠全世界的使用。無怪乎有環保學者說：「廿一世紀要不是太陽能世紀，就是人類最後一個世紀！」

　　要捕獲這些能量，我們固然可以利用太陽能板（solar panels），直接將陽光透過「光電效應」轉化為電能。另一方面，由於大自然已經把部分的太陽能轉化為「能量密度」（energy density）較高的風力和海浪，我們也可直接開發這些風能及用海浪來發電。

　　一個與太陽能無關的能源是地熱（geothermal energy），這是地球形成的餘溫，以及地球內部的放射性元素釋放的能量。科學家的計算顯示，就以現時的開發技術，全球的地熱已經足夠滿足人類的能源需求有餘。

　　那麼我們為什麼不立即去做呢？這便把我們帶到壞消息之上，那便是人類迄今仍然迷信市場，而上述的改弦更張若以「市場規律」計算並不符合「經濟效益」（直截來說就是燃料費和電費會大幅上漲）。不，你沒有看錯，這便是面對我們的荒謬情況。

　　一眾專家早已指出，除了實行有如戰時的「配給制」（rationing）之外，遏抑二氧化碳排放的最有效方法，是引人逐年遞增的「碳稅」（carbon tax），亦即如果今年的稅率是每噸二氧化碳徵收 50 美元，那麼下一年便可能是 55 美元、再下一年是 60 美元，並如此類推。

　　與此同時，政府也應該向可再生能源產業提供稅務優惠和各種援助。兩項政策加起來，會向市場發出一個強烈的訊息，就是化石燃料產業是沒有前途的，而大量的資金將會轉投可再生能源產業之上。

至於「碳稅」所得的收入，可以用來向中、低收入家庭提供補貼，以應付電費上升帶來的經濟壓力。其餘的則可用於開發可再生能源。

　　上述方案被提出至少二十年，但從未在任何一個排放大國落實。（以總量計的頭六位是中國、美國、印度、俄羅斯、日本、德國。）澳洲曾於2012年引入「碳稅」，但在巨大利益團體的極力反對和政府改組後，已於2014年將政策取消。

　　好了，到了我們預設的 2070 年，「碳稅」是否經已完成了它的歷史任務，抑或人類已經進入戰時的「配給」狀態？

　　筆者有一個猜測，就是到了 2070 年，因為情況過於危急，人類已經嘗試實施「治標不治本」的「行星工程學」（geoengineering）措施。其中一項最直接的，是在赤道的大氣高層（或在太空軌道上）建造大型的遮光 / 反光罩，以減低地面所接受的太陽輻射，另一個建議是在大氣高層散播大量會反射太陽光的硫化氣溶膠（sulphate aerosols）以達到同一效果。科學家一直都很反對這類「投降主義」方案，因為它的潛台詞是我們只能任由二氧化碳濃度上升。但有誰知道，到了 2070 年，我們可能已經別無選擇……

　　另一個較樂觀的猜想，是人類已經開始從大氣層中移除過多的二氧化碳，當然這是假設可再生能源不但已經全面取代了化石燃料，而且還可產生額外的能量，以讓我們進行這項浩大的工程。然而，即使有了能量，我們也要面對另一個問題：我們應該如何處置捕獲的海量二氧化碳呢？把它們灌注入廢置的煤礦和油礦洞穴、以生物方法把它吸收和固定下來？還是把它直接送出太空？

在上世紀末，最先作出全球暖化警告的科學家詹姆斯・漢森（James Hansen），提出了350 ppm這個相對安全的水平（不要忘記這仍然高於地球過去一百萬年來的最高水平）。今天看來，就是以最樂觀的估計，要回復這個水平，最快應該是廿二甚至廿三世紀的事情。

我們面對的現實是，無論是聯合國每年召開的國際氣候峰會（最著名的是2009的哥本哈根會議和2015的巴黎會議）、民間組織Avaaz和 350.org自2014年多次發起的「全球氣候大遊行」（Global Climate March）、由瑞典少女葛利塔・桑伯格（Greta Thunberg）自2018年發起的「為氣候而罷課」運動（School Strike for Climate）、還是由激進環保組織「反抗滅絕」（Extinction Rebellion）所發起的示威抗議等，仍是無法阻止二氧化碳排放的上升趨勢。俗語云：「不見棺材不流淚」，可能真的要到處出現大量死人無數的氣候災難，人類才會真的覺醒。（雖然筆者執筆之時，澳洲空前嚴重的山林大火已導致30人和近十億隻動物的死亡，而澳洲政府卻仍無動於衷……）

桑伯格這樣說：「有人說要靠年輕的一代來拯救世界，但形勢已經等不及我們長大了。」

環保分子姐雅・史迪爾（Tanya Steele）則語重深長地說：「我們是第一個清楚知道人類正在毀滅大自然的世代，也是還有機會可以力挽狂瀾的最後一個世代。」然而，這個「機會窗口」已經變得愈來愈窄……

情況已經很清楚了，如果以踢足球作比喻，大自然已經多次向人類發出黃牌，如果我們繼續置若罔聞，當大自然發出紅牌之時，人類便真的要離場了。

8.4 增長的
終結

　　我們只要徹底「踢走化石燃料」便萬事大吉了，對嗎？對不起，答案是否定的。要知《增長的極限》於1972年發表時，還未有包括全球暖化帶來的影響呢。聯合國的環境專家組先後於2005年和2019年發表了《千禧生態評估》（*Millenium Ecosystem Assessment*）和《全球生物多樣性與生態系統服務評估》（*Global Assessment Report on Biodiversity and Ecosystem Services*)這兩份詳盡的報告書，明確指出除了全球暖化之外，人類的活動已經對全球生態環境做成極大的破壞。簡單地說，人類的影響已在多方面超越了地球的「總負荷量」(total carrying capacity)。

　　計算顯示，如果世界上每一個人都生活得好像一個典型的美國人，我們將需要5個地球的資源。一方面這屬不可能，可另一方面，發展中國家的人民(佔了全球人口的三分之二)卻正正朝著這個方向進發。

　　回顧我們在第三章介紹的有關「複式增長」的分析，我們只能達到一個結論：人類過去百多二百年的經濟增長模式必須劃上一個句號。

　　終於，我們面對一個至為關鍵的「數字問題」。筆者故意沒有把它放到上文那二十條問題之中，是因為它太重要了。這條問題便是：「2070年的經濟增長率為何？」

　　按照上述的分析，問題的答案只能有一個：零。(或至少每年低於1%，因為按照「除72」的計算法，1%增長率所導致的倍增期是72年；

而2%的是35年。）

　　由於發展中的國家仍然要發展她們的經濟以改善人民的生活，另一個邏輯結論是：到了2070年，已發達國家的經濟增長率必須為負數。

　　以今天的主流經濟學看來，這些當然是荒天下之大謬的胡扯。對此，筆者只能引用柯南道爾（Arthur Conan Doyle）透過他筆下的大偵探福爾摩斯所說的名句：「當我們剔除了一切不可能的答案，最後剩下來的，無論看來多麼匪夷所思，必然是正確的答案。」

　　其實，有識之士很早便看到問題的徵結所在。《增長的極限》發表後第二年，學者E.F. 舒馬克（E.F. Schumacher）即發表了《小是美的》（*Small is Beautiful*, 1973）這本著作，指出經濟規模不斷擴張只會令人類走進死胡同。1977年，學者赫爾曼·戴利（Herman Daly）發表了《恆穩態經濟學》（*Steady-state Economics*）一書，進一步把「限制增長」的建議放到一個堅實的學理基礎之上。

　　然而，主流經濟學對這些呼籲一直置若罔聞。踏進廿一世紀，有見於形勢急速惡化，不少學者重新發出有關的呼籲，較著名的有添·傑克遜（Tim Jackson）所寫的《誰說經濟一定要成長？》（*Prosperity Without Growth*, 2009）、李察·海因伯格（Richard Heinberg）所寫的《增長的終結》（*The End of Growth*, 2011）、以及保羅·喬頓（Paul Gilding）所寫的《大動盪》（*The Great Disruption*, 2011）等。

　　不幸的是，主流經濟學家繼續「假裝沉睡」，因為他們知道，「增長」是資本主義生產模式的命脈所在，沒有增長的經濟在他們眼中是不可想象的。學者李察·摩斯（Richard Mosey）便一針見血地說：「沒有

了經濟增長，資本主義便會死亡；經濟繼續增長，大自然便會死亡。這是一場不是你死便是我亡的鬥爭。」

以主流經濟學的角度，「零增長」等同於「經濟大災難」。這當然是荒謬絕倫的。試想想，我們每一個人過了發育階段而到達成人的階段，不就處於一個零增長的恆穩狀態嗎？但身軀上不再增長，不表示心智上不可以繼續成長。相反，不受控制而繼續增長的細胞，我們稱為癌細胞。

也就是說，我們要實現的，是「零增長繁榮」（zero-growth prosperity）。這兒說的「零增長」是指物質上的增長，正如一個成年人一樣，這樣的一個社會在知識上、在文化創造上、在視野和胸襟上、在道德和智慧上……當然還可，亦應該不停地成長。

這些都只是「不懂經濟」的理想主義者的夢囈嗎？且看被譽為二十世紀最偉大的經濟學家凱恩斯（John Maynard Keynes）是怎麼說的：「在不遠的將來，經濟問題將會回復到它應屬的次要地位。激勵著我們的感情和思想的，將是真正重要的問題 —— 有關生命和人際和諧的問題，以及有關創造、品行和信仰諸等問題。」也就是說，到了那時，「經濟增長」再也不應是人類追求的「聖杯」（Holy Grail）。

但看深一層，由於凱恩斯沒有充份考慮「資本的衝動」，所以他的願景也確是一種單純的主觀願望。要達至「零增長繁榮」，便必須徹底改變現今的資本主義生產模式，那不啻等於向全世界的權貴階層宣戰。

不用說，權貴階層必然會用盡一切力量來阻止這種轉變，其間更會不惜出動防暴警察甚至軍隊進行鎮壓（正如在法國的「黃背心運動」

一樣）。這是因為在生態環境崩壞的過程中，他們必然是最遲受到影響的一群，而即使受到影響，也可以用他們龐大的富財將影響減到最少。相反，一旦制度作出改變，他們的利益便會即時受損，這是他們無法接受的。

　　然而，當社會和經濟秩序崩潰，世界充滿紛亂與暴力，他們會愈來愈多時間躲在重門深鎖的大宅、莊園甚至堡壘之內，並以私人警衛甚至僱傭兵來保護自己和家人的安全⋯⋯但，他們真的希望子女在這樣的世界中長大和生活嗎？長遠來說，社運分子蘇珊・喬治（Susan George）說得最好不過：「雖然有人住頭等艙而有人住在大艙，但我們都乘坐在同一艘鐵達尼號之上。」

在完結之前，我們必須回應一個問題。不少人指出，人口不斷增長是環境災難的元凶，要阻止災難的發生，除非世界的人口大幅下降，「至少減少一半」是最常聽見的一個說法。

我不知道說這句話的人是否想過，這個「減少一半」將會如何發生？以及他本人（及他的親人）會否在減少之列？不要忘記第二次世界大戰的總死亡人數，只佔當時世界人口的3.5%。要死50%的人口，即要發生比二戰還要慘烈十多倍的人道災難（這只是以百分比計，以絕對數目計當然更多）。如果說世界這樣才有救，這個「得救」的世界是否已是一個完全喪失了人性的世界？

還有一點應該是提出這個建議的人從未想過的，那便是即使世界人口減半，按照上文的分析，我們仍然需要2.5個地球的資源……

根據「全球足印網絡」的計算，美國的「人均生態足印」（ecological footprint per capita）是丹麥的1.5倍、西班牙的2.2倍、中國的2.4倍、印度的7倍和剛果的10倍。「不患寡而患不均」似乎是老生常談，卻仍是今日世界的最真實寫照。事實上，科學家曾經計算，只要世界人口不超過100億而我們適當地運用資源，地球上每個人都仍然可以得到溫飽。

印度聖雄甘地（Mohatma Gandhi）說得好：「大自然的資源可以滿足我們的生活所需，卻不足以滿足我們的無窮貪念。」（Nature has enough to meet everyone's needs, but not everyone's greed.）

在第四章，我們看過戴卓爾夫人的名句：「除此之外別無選擇！」（There Is No Alternative!）面對今天的發展，筆者會把這句話挪為己用，但在意義上則顛倒過來：為了人類的存亡，我們必須打破「經濟增長是硬道理」這個魔咒，因為「除此之外別無選擇！」

9

9.1 無法以數字表達的發展

　　在上一章，我們提出了一系列以數字為答案的問題。可是我們都知道，一些決定世界發展的重大因素，並不能以數字來表達。

　　讓我們先排除一些影響可以非常重大，卻是完全無法估計的發展，它們包括（1）地球經歷類似令恐龍滅絕（甚至更為劇烈）的一次天體大碰撞；（2）與外星文明發生接觸；（3）出現一種可以徹底改變世界面貌的超級科技（如任何人也垂手可得的無盡能源）等。

　　好了，假設上述的情況皆沒有發生，我們還有什麼關於2070年的事情可以追問呢？問題可多了。以下是筆者草擬的一些例子，作為讀者的你當然可以作出補充。

　　在未來50年內，

- 人類已在月球上建立永久基地了嗎？
- 人類登陸火星了嗎？
- 人類在火星或太陽系內其他地方（如木星的衛星歐羅巴）找到別的生命了嗎？（那怕是多麼原始的生命）
- 受控核聚變（controlled nuclear fusion）已經成為我們的主要能源，從而一舉解決了人類的能源危機了嗎？
- 鍵盤作為人類與電腦溝通的渠道已經完全被語音或更直接的渠道淘汰了嗎？人工智能製造的虛擬人物已經成為不少人（特

別是獨居老人）的好伴侶了嗎？（電影《觸不到的她》（*Her*, 2013）之中的情節已經成真了嗎？）

- 家居的機械傭人是否已經十分普遍？機械人士兵呢？
- 有納米機械人在我們的血管裡不斷監察著我們的健康狀況了嗎？
- 世界經歷了另一次（甚至多次）比「零八金融海嘯」更嚴重的金融崩潰和經濟衰退了嗎？
- 凍土全面融解了嗎？
- 有大瘟疫發生過嗎？（1918-20的流感瘟疫奪去了至少五千萬人的性命）

- 太空探險仍是由政府主導，還是已經由私人企業所主導？（太空旅遊以及太空酒店已經開始普及了嗎？）

- 1967年訂立的《外太空條約》（Outer Space Treaty）是否已經形同虛設，而太空的「高邊疆」（High Frontier）已經成為兵家必爭之地？（2019年12月，特朗普便正式成立了「美國太空軍」U.S. Space Force）

- 第三次世界大戰發生了嗎？（世界主要的城市都被毀滅並佈滿輻射塵了嗎？）

- 電腦／互聯網蘇醒了嗎？它會成為人類的朋友還是敵人呢？

- 科技奇點（人機結合、心靈上載）發生了嗎？大量的人已經「上載」到網上了嗎？

- 國民生產總值最高的國家是哪一個？

- 軍費開支最高的國家是哪一個？

- 世界已經有一個美元以外的統一貨幣了嗎？

- 癌症被全面征服了嗎？

- 腦退化症可被全面治癒了嗎？

- 回春（rejuvenation）的技術（如將一個90歲的人回復至50歲左右的生理狀態）普及了嗎？

- 人類是否已經（透過基因工程、藥物、腦細胞移植或大腦皮質增生技術）把自己的智力提升？

- 人類已經將某些動物（猿類、海豚、犬類）的智力提升了嗎？

上述問題部分與上一章的重疊，我們在此再次提出，是迫使我們

對問題作更深入的考察。很明顯，提問還可以繼續下去。但就是上述列出的問題，已可令我們深深體會，2070年的世界可以是一個與今天多麼不同的世界。

筆者不打算逐一探討上述每一個問題，而是邀請作為讀者的你提出自己的答案。更有意思的，是你找來一班關心人類前途的好朋友，一同為本章和上一章所列出的問題作出討論和提出答案。筆者可以大膽地說，如果世界上的老師（無論是中學還是大學）都把這個討論作為必修的「專題探究」課題，人類在面對未來之時，避過浩劫的機會也許可以增加幾分……

略要補充的是，即使「核聚變」能夠成為人類的重要能源，由於它的技術難度和需要的投資十分巨大，所以跟上述所說的「任何人也垂手可得的無盡能源」是兩碼子事。此外，回春技術即使成真也必然昂貴得很，這只會增加社會上的「仇富」和兩極分化（social polarization）的趨勢。

若論問題答案的影響深遠，除了「智力提升」這個富於科幻味道的假設無法評估外，上述有兩條是至為關鍵的。第一條當然是「第三次世界大戰發生了嗎？」，而第二條則是「全球的凍土全面融解了嗎？」

不用說，如果第三次世界大戰發生，而且動用了威力較原子彈大上千倍以上的熱核武器（thermonuclear weapons，即氫彈），人類的歷史將會徹底改變，而其餘的問題都會變得無甚意義。

9.2 第三次世界大戰會爆發嗎？

今天世界上最強大的兩個國家是美國和中國，不少論者都認為，「中、美爭霸」將會是廿一世紀的主題。一些學者更提出了「修昔底德陷阱」（Thucydides Trap）這個觀點（修昔底德是公元前五世紀的希臘史家），指出正如古希臘的城邦雅典崛起，對當時居於霸主地位的斯巴達構成了重大的威脅，結果兩者爆發大戰，最後兩敗俱傷，今天中國的崛起，也對美國構成重大的威脅，所謂「一山不能藏二虎」，按照歷史發展的規律，中、美大戰將不可避免。（俄羅斯當然樂於「坐山觀虎鬥」……）

對於這個可能性，筆者傾向審慎樂觀，所以答案是：「不會」，或是「發生的機率低於 50%」。理由嘛？還是之前提過的核子武器會導致玉石俱焚的阻嚇作用。

要知核武的殺傷力是如此之強大，即使一方發動了「先發制人」的偷襲（pre-emptive strike），而把對方90%的核武設施一舉摧毀（藏於深山的導彈發射井和流動式的發射裝置令100%的命中率無法體現），但對方只要使用剩餘的10%（甚至只是5%）的核武進行反擊（retaliatory strike），則仍然可以將發動偷襲的一方的主要城市徹底摧毀。

核武與傳統武器還有一點很大的分別，就是爆炸後所產生的輻射污染（radioactive fallout），可以隨風飄散到世界各地。如果這還不夠

可怕的話，上世紀八十年代的科學家更開始意識到，核爆所揚起的灰塵，以及到處的衝天大火所產生的大量灰燼，會衝出地球大氣層的對流層（troposphere），而直達平流層（stratosphere）的區域。由於平流層內缺乏垂直對流運動，灰塵可以在那兒停留數以月計甚至超過一年的時間。在這段時間裡，由於陽光會大大受到遮擋，大地將會陷入昏暗，而氣溫則會急速下降。在這個可怕的「核子冬天」（Nuclear Winter）之中，植物因為無法進行光合作用而大批死亡，而生物界整個食物鏈亦會因此崩潰。

科學家的研究顯示，6千5百萬年前一顆小行星高速撞向地球，正正引起了類似的境況，而稱霸地球近一億五千萬年的恐龍，便是因此而步上絕路的。所謂「天作孽，尤可恕；自作孽，不可活」，如果人類愚蠢得自製一個「全球嚴冬」，再加上輻射塵的貽害，他便很有可能步上恐龍的後塵。

正是基於這種「只有輸家、沒有贏家」的邏輯，筆者推斷全面爆發世界大戰的機會不高。當然，這是假設當事人是理性的，但正如德國詩人席勒（Friedrich von Schiller）所言：「面對人類的愚昧，諸神也束手無策……」所以我們也無法完全排除這個可能性。

即使全面的核戰沒有發生，這並不表示使用威力愈來愈強大的「常規武器」的區域性戰爭不會出現。更令人憂慮的，是基於「自主攻擊武器」（殺手機械人）的軍事衝突會變得愈來愈頻繁。此外，信息戰（網絡攻擊）和金融戰（金融狙擊）也可能不斷升級，而最差的可能性是全球金融體系崩潰和人類回復到沒有網絡的年代，而由此而引發的社會動亂和人命傷亡也是不可忽視的。

9.3 凍土會融解嗎？

　　至於影響人類生死存亡的第二個大問題，是「凍土是否會全面融解？」很不幸地，筆者對此是傾向悲觀的，亦即凍土在未來50年內全面融解的可能性高於50%。這也是為什麼我之前提及，到了2070年，人類可能已經被迫採取今天科學家都極力反對的「行星工程」搶救方案。（反對的原因是變數太多可能愈弄愈糟。）

　　之前我們已經看過，如果凍土全面融解而釋放出大量甲烷（methane）這種超級「溫室氣體」，全球的升溫將不會有如聯合國專家組所推斷的4、5度，而可能達7、8度之多，屆時地球大面積的區域可能已經無法住人，而海平面急速上升將令無數住在沿海城市的居民無所逃死。

　　按照最樂觀的假設，凍土出現全面融解也許會促使世界各國的政府猛然醒覺，然後推出果斷的政策以力挽狂瀾。這些政策某程度上必須包括好像「戰時動員」（wartime mobilization）時的「物資配給」（rationing）措施。聽起來這好像十分極端，但在日本偷襲珍珠港之後，美國便有好一段時間實行過這樣的措施，其中包括汽油和其他戰略物資的配給，以及政府下令各大汽車廠由生產民用汽車轉而生產大量的軍車等。

　　而按照悲觀的假設，人類可能到了凍土融解仍是死不悔改，結果

是生態環境迅速崩潰，國際秩序和社會秩序分崩離析，繼而出現頻繁的戰事，然後是世界由無數土豪、惡霸和軍閥割據的「浩劫後」（post-apocalyptic）景象。

在小說中，嘗試描繪這種「後文明」景象的（雖然導致的原因有所不同），有阿西莫夫（Isaac Asimov）和西爾伯格（Robert Silverberg）於1990年合著的長篇小說《夜幕低垂》（*Nightfall*，原著的中篇故事由阿西莫夫於1941年所寫），以及赫伯特（Frank Herbert）於1982年發表的《白色瘟疫》（*The White Plague*）。至於電影方面，較著名的有《末日先鋒》（*Mad Max*）系列中的《勇破雷電堡》（*Mad Max：Beyond Thunderdome*, 1985；新版是2015的《末日先鋒：鐵甲飛車》（*Mad Max:*

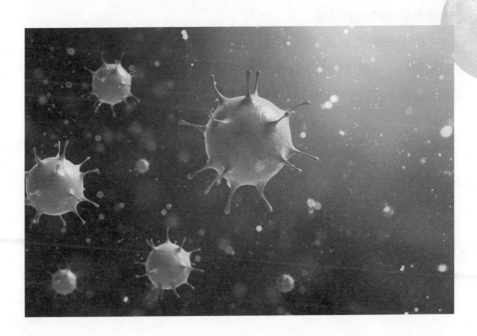

Fury Road）），以及《末世戰士》（*The Postman*, 1997）和《末路浩劫》（*The Road*, 2009）等。

我們常常說：「現實比想像更詭異」（Fact is stranger than fiction.）筆者可以肯定，「末世」的現實必然比上述想像的情景更為可怕和悲慘。（雖然《末路浩劫》中已描述了「人相食」的可怕景象。）

「人類的滅絕！」是我們常會聽到的警告，但筆者深信，即使凍土全面融解甚至發生核子世界大戰，人類的適應能力是如此之強，他作為一個生物物種是不會滅絕的。但我們今天所知的文明和社會秩序將不復存在，而我們將倒退至一個人口只有今天幾分之一的野蠻時期。有人曾經說過：「文明與野蠻之間只差七頓飯。」文明的脆弱是我們很少去認真思考的一個問題。

但正如我們在第七章所說，未來是不確定的。以希臘神話作比喻，我們必須堅守留在「潘多拉盒子」中的最後一樣東西：希望。正是基於這種希望，我們會在以下的章節，盡力探討要令2070年變得比今天更美好，究竟還有「何事可為？」

9.4 從「政治民主」 到「經濟民主」

在人類的歷史上，權力的擁有往往導致更大的權力、財富的擁有往往導致更大的財富，社會學家把這基於反饋作用（feedback mechanism）的現象稱為「馬太效應」（Matthew Effect），這是因為《馬太福音》中有這樣的一句：「*凡有的，還要加給他，叫他有餘；沒有的，連他所有的也要奪過來。*」

當然，在財、權的爭奪過程中，有些人會比其他人成功，而最成功的便會處於權力與財富的頂層。這個「權貴階層」制定了社會上的各種遊戲規則。不用說，這些規則都會為延續他們的權力和財富服務。如果說歷史真的有規律，可能這便是唯一不變的規律。

世襲帝制的推翻和民主制度的建立，可說為這個「不變的規律」打開了一道缺口。但這始終只是一道缺口。某一程度上，「政治權力」的稍為下放，是為了「經濟權力」可以進一步膨脹（財富集中）而不至引發大規模的革命，這是汲取自法國大革命的斷頭檯所帶來的血的教訓。

讓我們再深入分析一下。在過往，政治權力與經濟權力往往是緊密結合一起的。所謂「普天之下，莫非王土」，而「王土」上的一切財富，理論上都由統治者所佔有。

相反來說，經濟權力當然也可在某一程度上被轉化為政治權力，歐洲的梅迪奇家族（the Medici）和羅斯柴爾德家族（the Rothschilds）便

是著名的例子。但總的而言，這種轉化並不容易，在「重農輕商」的中國則特別困難，正因如此才有所謂「窮不與富敵、富不與官爭」的說法。

然而，在現代社會，這種情況卻被顛倒過來：政府官員以至最高領導人收受薪酬以外的任何經濟利益，皆被視為不能被接受的貪腐行為。奉行民主制度的國家不用說，即使有如中國大陸般的專制國家，前總理溫家寶被揭發家屬擁有巨額財產，也令他尷尬不已，而世界各地的一眾貪官，都要透過「洗黑錢」（money laundering）將聚斂的財富「漂白」。也就是說，以往輕易將「政治權力」轉化為「經濟權力」的做法已為現代社會所不容。

與此相反，將強大的經濟權力轉化為政治權力的做法卻成為了現代社會的一大特徵。這種情況在頭號資本主義大國的美國最為顯著，並已被冠以「財閥統治」（plutocracy）之名。在首府華盛頓，有註冊和沒有註冊的「政治說客」（lobbyists）估計達到十多萬之眾，而每年的有關開支則達過百億美元。當然，較這些開支大千百倍的是選舉其間的巨額政治獻金。美國曾經有人抗議這種獻金有違憲法，但在2010年的一項判決中，美國高等法院再一次確立了「商業機構資助聯邦選舉候選人」的「權利」。如果我們把「權貴」兩個字拆開，現在是「有權」不一定「有貴」，但「有貴」便等於「有權」。

權貴階層對大眾的控制，只是十分偶然才需要出動防暴警察，因為在大部分時間，另一種手段已經足夠：就像毒販以毒品來控制癮君子一樣，統治者亦以一種大眾難以戒除的東西來控制人民，這種東西叫「生活方式」，更具體來說是消費主義掛帥的生活方式（「我消費，所

以我存在！」）。而鼓吹這種生活方式的，是每年花費過萬億美元並用上了最頂尖的心理學家來設計的「洗腦式」廣告「產業」。我為產業兩字加上引號，是因為它雖然費耗了巨大的資源，也製造了大量的垃圾和污染，卻並不生產任何有實質價值的東西。

理論上，在民主的國家裡，政治權力的運用會不停地受著傳媒和輿論的監督。然而，經濟權力的運用卻在「商業運作」和「商業保密」的護身符下不受監管。尤有甚者，不少傳媒已是由大財團大企業所經營（傳媒大亨梅鐸（Rupert Murdoch）的傳媒王國是臭名昭彰的例子）。此外，即使不是赤裸裸的官商勾結，資本家只要提出「撤資」的威脅，政府官員在制定商業、勞工和環保等政策時最後都要就範。

由此看來，較諸政治權力的濫用，經濟權力的濫用是對現代社會核心價值的更大挑戰。我們真的要捍衛自由民主（以及有效對抗全球暖化和生態環境崩壞）的話，便必須大力限制「富可敵國」的大財團、大財閥和跨國企業等對民主政治的影響。

但事實卻是，正如我們在第四章看過，自「新右回朝」以來，「新自由主義」政策的推行令世界上的貧富懸殊變本加厲。學者托馬斯‧皮克提（Thomas Picketty）於2014年出版的《二十一世紀資本論》（*Capital in the Twenty-First Century*），讓我們看到這種趨勢的結構性歷史根源。較早前，獲頒諾貝爾獎的經濟學家史迪格里茲（Joseph Stiglitz）受聯合國委托撰寫的研究報告出版成書：《扭轉全球化危機：史迪格里茲報告》（*The Stiglitz Report: Reforming the International Monetary and Financial Systems in the Wake of the Global Crisis*, 2010）。書中明確指出，如此巨

大的貧富懸殊和財富集中，是全球金融動盪的主要根源。

　　差不多同一時間，社會學家凱特‧皮克特（Kate Pickett）和李察‧威爾金遜（Richard Wilkinson）發表了《水平尺——為何更公平的社會都更強大》（*The Spirit Level - Why Greater Equality Make Societies Stronger*, 2009）這本著作。她們綜合了多方面的研究，指出只要過了小康的水平，不少社會問題如濫藥、酗酒、癡肥、家庭暴力、青少年犯罪、輟學率、未婚少女懷孕、離婚率、精神病發率等，都和一個社會的絕對經濟水平關係不大，卻反與這個社會裡的貧富不均程度的關係有著密切的關係。簡單來說，愈是不公平的社會，愈會出現眾多的社會問題。盲目追求「經濟發展」無法解決這些問題，真正有效的方法，是建立一個更為「平等均富」（egalitarian）的社會。

　　情況已經很清楚了，無論從捍衛民主、拯救生態環境或是建造一個更穩定和諧的社會的角度看，「節約資本」（孫中山在《建國方略》中提出的一個重要方針）都是必須的。艾克頓勳爵（Lord Acton）的名句是：「權力使人腐朽，絕對的權力使人絕對地腐朽。」同樣地，「財富使人腐朽，巨額的財富使人絕對地腐朽。」其理至明。屬於私人的「巨富」對社會可說有百害而無一利。所以在「滅貧」這個基本上沒有爭議的目標之上，社會未來發展的另一個目標必然是「限富」。

　　傳統上，「限富」的手段是向富人徵收高累進性的稅款（high progressivity taxation），這在西方一些國家已是既定政策，其中猶以北歐的「民主社會主義」國家（social democracies）為表率。但踏進廿一世紀，不少有識之士指出，傳統的「高稅率、高福利」的政策已不足以應

付財富愈來愈集中的趨勢,故此我們必須推行一些更為有效的「限富扶貧」政策。要深入探討這些政策建議顯然是另一本書的責任,筆者在此能夠做的,是對部分建議作出扼要的介紹:

1) 全面引入「金融交易稅」(financial transaction tax, FTT);

2) 引入1972年即由經濟學家詹姆斯‧托賓 (James Tobin) 所提出的、針對跨境資金短期流動的「托賓稅」(Tobin tax);

3) 大幅削弱「企業法人」(corporate personhood) 的地位;

4) 嚴格執行商業上的反壟斷法 (anti-trust regulations);

5) 取締所有「避稅天堂」(tax havens) 如開曼群島 (Cayman Islands)、英屬處女島 (British Virgin Islands)、百慕達群島 (Bermuda Islands) 等 (也包括瑞士、盧森堡、巴拿馬、香港等地方);

6) 嚴禁任何私人或企業的政治獻金,規定各級選舉的一切開支只能來自定額的公帑;

7) 對遺產的繼承設立上限 (如每個子女最多只能繼承一億美元);

上述每一項都可以寫成專書,但讓我們集中看看第一項和最後一項。

不要以為支持「金融交易稅」的必定是左傾的學者。事實上,世界首富蓋茨 (Bill Gates)、巴菲特 (Warren Buffet)、索羅斯 (George Soros)、前法國總統薩爾科齊 (Nicolas Sarkozy)、前英國首相白高敦 (Gordon Brown)、美國參議員桑德斯 (Bernie Sanders)、著名經濟學

家史迪格里茲（Joseph Stiglitz）和薩克斯（Jeffrey Sachs）、社會學家吉登斯（Anthony Giddens）等人，都高調地支持這些被稱為「羅賓漢稅」（Robin Hood Tax）的措施。

一項計算顯示，即使稅率只有0.05%，全球每年的稅收即可達1,000億美元，從而大大增加上文提到的「可持續發展目標」（SDGs）的落實機會，讓世上無數的貧苦大眾受惠。

至於最後一項「對遺產繼承設限」的建議無疑甚具爭議性。但請大家想一想，在人類數千年的帝制歷史之中，「政治權力」的世襲（即「家天下」的觀念）被視作理所當然。按照現代社會的核心價值，這當然不能再被接受。同理，「經濟權力」的世襲在今天仍被視作理所當然，但按照我們迄今的分析，這種世襲已經和現代文明的核心價值相違背，所以也應該被送進歷史的垃圾堆。哲學家羅素（Bertrand Russell）曾經說：「能夠支配其他人的經濟權力不應該屬於個人。不帶有這種權力的私有財產則可以被保留。」可以這麼說，取消經濟權力的世襲，是人類文明演進的必由之路。

有人可能會指出，所謂「道高一尺、魔高一丈」，富人自然會有種種方法（如成立各種基金）以繞過這個上限，使政策形同虛設。但這種說法基本上適用於所有徵稅措施，我們不會因為入息稅和利得稅的逃稅避稅方法五花八門，而放棄徵收這兩種稅項。同理，繞過遺產上限的可能，並不構成放棄這個政策的理據。

情況已經很清楚，「政治民主」（political democracy）是人類文明的一項輝煌成就，但這只是民主運動的一半。我們現時必須致力的，是

實現另一半的「經濟民主」（economic democracy），因為只有這樣，我們才能建立「深度民主」（deep democracy），讓人類的發展踏上康莊大道。

「經濟民主」的內容當然不僅在於「限富」，一個更重要的政策目標，是「減貧」然後達至「全民小康」。聯合國成立之時，除了維護世界和平之外，另一個主要的使命正是消弭世界上的貧困。然而，七十多年過去了，全球的財富增加了多少倍？人均的生產力水平又提升了多少倍？但「消弭貧困」這個目標為何仍是那麼可望而不可即？而各國政府至多膽敢列出「扶貧」（而非「減貧」）作為為目標？這不是對主導現今世界的經濟發展模式的一項莫大諷刺嗎？

今天，不少人已經多番警告：人工智能的進一步發展，可能導致大規模的失業，從而導致嚴重的社會問題。但論者絕少提到的是，這完全是一個「偽問題」。

為什麼是「偽問題」？我們在第七章「科技失控」那兒已經指出，正如一條村莊學會了建造風車來磨麥並用水車來引水灌田，帶來的自應是更多的閒暇和生活質素的普遍提升，而不是什麼「失業」。在今天，人工智能的普及也應作如是觀。

我們看過，我們每人真正需要的不是「一份工作」而是「一份收入」。如果人工智能一方面可以減省人力另一方面則可創造空前的財富，那麼一個邏輯的結論，便是每人無需再營營役役，都可每月獲得一份足以好好地過活的基本收入。這份收入，我們稱為「全民基本收入」（Universal Basic Income）或「無條件基本收入」（Unconditional

Basic Income）。（英文名稱雖然不同，但縮寫都是 UBI），往往再簡稱為「基本收入」（BI）。

這個建議被認真地提出已有數十年之久。提出這個倡議的學者認為，以人類現時的生產力和富裕程度，一個社會無法為它的人民提供起碼的生活保障是完全說不過去的。當然，現時不少發達國家都有向低收入家庭發放福利援助（生活津貼），但一來申請這些援助手續繁複條件苛刻，二來它的領取帶來強烈的標籤效應，所以不少人寧願生活困苦一點也不申請福利援助。此外，援助的水平往往也未能讓受助者過著真正有尊嚴的生活。要想知道領助者的箇中辛酸，筆者推薦大家一看《我不低頭》（*I Am Blake*, 2016）這部充滿控訴性的電影。

「基本收入」一舉解決了上述的問題，因為它是自動發放而不用申請的。它不是失業救濟金，因為無論在職或沒有工作的成年人也會獲發同樣數額。（兒童和少年獲發的水平會較低。）留意這項收入雖然會取代傳統的各種「直接轉移支助」（direct transfer payment），卻不會影響其他的社會福利如教育和醫療等。

人們立即會想到的非難是，「收入」的水平太低則作用不大，太高則會「養懶人」，還會導致通貨膨脹百物騰貴，結果於事無補甚至弄巧反拙（且不說政府的財政負擔，因為大前提是「人工智能會創造空前的財富……」）。事實上，無數學者已經對這些（以及更多的）非難作出深入的理論研究，結論是，措施的總體效果會利多於弊，因此是「扶貧」甚至「滅貧」的一項有力手段。

近年有關這個題目的書籍有如雨後春筍，大家若想對這個重要議

題作更深入的了解，筆者推薦由 Guy Standing 所寫的 *Basic Income – A Guide for the Open-Minded* (2017)，以及由 Andy Stern 所寫的 *Raising the Floor*（2016）。

但理論歸理論，最重要還是實踐的成果。迄今為止，未有一個國家正式落實過這個政策，但區域性和有時效的實驗則曾在多處地方進行（先進國家包括芬蘭和加拿大、發展中國家包括印度），雖然結果都屬正面，但因為實驗皆有時效性（由半年至兩年不等），故未能充份反映出政策一旦落實時的真實效果。（但總的來說是推翻了「養懶人」的說法，因為大部分人其實都喜歡從事有意義的工作，而非終日無所事事游手好閒。）

2016 年 6 月 28 日，瑞士舉行了一場史無前例的公投，議題正是國家應否推行「全民基本收入」這個政策。雖然結果是 77% 反對 23% 贊成，但這個議題能夠進入公投階段已是十分難得，而 23% 的贊成也並不算少。很多人都期待，這個建議會獲得愈來愈多人的認識和支持，而政策的落實將會把人類社會帶到另一個階段。

「限富」與「滅貧」只是建設「經濟民主」的起步點。更深層次的經濟改革包括：

- 大力扶助（最簡單是透過稅務優惠）以實現「社會價值」（social values）（而非「股東利潤的最大化」）為宗旨的「社會企業」（social business）；
- 推動「企業民主管理」和「員工所有制」，最終目的是以「工人合作社」（workers'cooperatives）來作為社會經濟活動的主

流；（全球最成功的一間合作社企業是西班牙的蒙特拉貢公司
（Mondragon Corporation），它的經驗甚具參考價值）；

- 取締「大到不能倒」的巨型跨國銀行，並以不會「上市」的地區
性小型銀行作取代；其間亦須重新嚴格區分只從事借貸業務的
「商業銀行」（commercial banks）和從事投資（甚至炒賣）的「投
資銀行」（investment banks）（說「重新」是因為1933年美國的
《格拉斯——史蒂格爾法案》已把它們嚴格區分，但新自由主義
者在九十年代悄悄將法案推翻。）；

- 限制所有借貸活動（包括信用卡過期付款）的利息水平，在任
何情況下也不能高於15%；

- 由政府發行「無息貨幣」（interest-free money）；學者瑪格列，
肯尼迪（Margrit Kennedy）早於上世紀八十年代便已提出這個
倡議，有興趣的朋友可以閱讀她於2011年發表的《佔領貨幣》
（*Occupy Money*）一書；

- 為所有貨幣訂立「使用限期」(expiry date)或「半衰期」(half-life)
—— 例如一年後會貶值一半，再過一年再貶值一半並如此類推
（以「比特幣」（bitcoin）為基礎的電子貨幣，會令這些政策很易
執行）

可以看出，我們其實不乏解決問題的方案。學者大衛・施韋卡特
（David Schweickart）一針見血地指出：「資本主義之所以支配世界，不
是因為它是我們這些卑微的人類所能建構的最理想制度，而是因為它
維護著巨大的私人利益，並同時被這些巨大的利益所維護。」

262

對於崇尚「自由市場經濟」（free market economy）的人來說，上述建議皆屬「違反市場」（anti-market）的「邪魔外道」。筆者的回答有兩部分，第一是他們所說的「自由市場」從來只存在於課本而非現實世界；第二是受到適度監管的市場，確實是調節經濟活動一項強而有力的工作，我們當然應該充份利用。但正如學者洛溫斯（Amory Lovins）所說：「市場只不過是一種工具。它是一個不錯的僕人，卻是個糟糕的主人，更是個糟透了的宗教。」（Markets are only tools. They make a good servant but a bad master and a worse religion.）

愛因斯坦曾經說：「一種思維既導致了問題的產生，同樣的思維絕不可能令問題得到解決。」環保學者保羅·霍肯（Paul Hawken）對著一班年輕人演說時曾經這樣說：「我們的文明需要一套全新的運作系統，你們便是程式編寫員，並且必須在未來十多年內完工。」

簡單的道理是，我們若要拯救世界，必先要進行有關社會秩序和經濟模式的「重新想象」（re-imagination）。如果要筆者以最扼要的方式來描述我們必須努力建設的世界，我會稱之為「民主市場生態社會主義」（Democratic Market Eco-Socialism），其中的四大元素——「民主」、「市場」、「生態可持續性」和「社會公義」——都是缺一不可的。

不消說很多人都會把上述的討論看成「烏托邦式」（utopian）的夢囈。且讓我們看看著名劇作家王爾德（Oscar Wilde）怎樣說：「沒有包括烏托邦在內的一張世界地圖根本不值一看，因為它遺漏了人類不斷抵達的那個地方。而每次當人類抵達後，他會眺望遠處，當他發展一個更好的國度，會再次啟航。所謂進步，就是烏托邦的不歇追求和體現。」

9.5 世界政府的可能

　　在上述的建議措施之中，不少如徵收「碳稅」、「托賓稅」或取締「避稅天堂」等，都並非一個國家可以獨力完成。我們需要的，是衷誠的國際合作，甚至是全球的統一步伐。

　　這便把我們帶到一個更為「烏托邦」的議題：一個世界政府的雛形已經可能在 2070 年之時出現了嗎？

　　在今天看來，這是完全匪夷所思的一回事。這便有如要求身處 1914 年初的歐洲人想像未來 40 年內的兩次世界大戰、或身處 1945 年初的時候去想像 1995 年時的「歐盟」、或要求所有人在 1970 年去想像 50 年後的中國成為了世界第二大的經濟體……更為匪夷所思的，是假設一個時光旅客回到 1987 年的蘇聯並告訴那兒的人，存在了整整 70 年的蘇聯會於 5 年後不復存在。

　　當然上述都只是一些雄辯式的比喻，要探討「世界政府」（或具有實權的一個「世界議會」）的可能性，我們確實需要更為具體的分析。筆者的大前提是，人類今天面對的種種巨大挑戰，基本上都是全球性的，因此亦只有全球性的措施，才能有機會力挽狂瀾。要避免「公地悲劇」和「囚犯兩難局面」將人類推向深淵，建立一個中央統籌的決策機構是無可避免和刻不容緩的。

　　今天，最順理成章地肩負起這個責任的機構當然是聯合國。我們

在上一章已經指出，若要加強聯合國的認受性和凝聚力量，她的組織架構——特別是安全理事會的組成和運作規則——必須進行大刀闊斧的改革。

改革的另一主題，是世界銀行（World Bank）、國際貨幣基金組織（IMF）和世界貿易組織（WTO）這三個對世界經濟運作有重大影響的機構，必須被牢牢地設置於聯合國（特別是改革後的安理會）的管轄之下。

在全球地緣政治爭霸日趨激烈的今天，上述的構想不諦癡人說夢。但讓我們想想別的可能性是什麼。即使我們假設以熱核武器為主導的第三次世界大戰沒有爆發，但隨著全球暖化氣候變遷所導致的生態環境急劇惡化、糧食生產（農業和漁業）備受打擊、淡水資源出現短缺、海平面上升令沿海城市淹沒、不知名的瘟疫到處蔓延、大量環境劣化和區域戰爭做成的難民逃離家園流竄全球⋯⋯又有哪一個國家可以獨善其身呢？

如果我們各自為政，到文明大幅崩壞時才作出補救便為時已晚，而到了本世紀末，便真的可能出現上文所描述的軍閥割據民不聊生的「末世景象」⋯⋯

為了人類的前途，我們必須致力作出的呼籲是（1）只有團結一致才可應付足以令人類沒頂的浩劫；以及（2）我們面對的絕不是一個「零和遊戲」，因為以現時人類所掌握的知識和技術，我們已經進入了一個空前富饒的時代（Age of Abundance）或是「後稀缺社會」（post-scarcity society），因此完全有能力終止「巧取豪奪、你贏我輸」的地緣政治遊戲。在共存共榮的旗幟下，我們好應團結一致，為世界上每一個人都

帶來安穩和舒適的生活。

不可能嗎？成功推翻「種族隔離政策」的南非黑人民權領袖曼達拉（Nelson Mandela）這樣說：「很多事物都被看作為絕不可能，直至它們成為事實的那一天。」（It always seems impossible until it is done.）

以上是筆者以良好意願所作的設想，但歷史的發展往往並不依循我們的意願。我們不能排除，「世界政府」的成立，是由某一國家某一強人經過一輪征伐之後「一統天下」的結果。七十多年前，如果納粹德國搶先在美國之前製成原子彈，今天的世界便會是一個近似的模樣。誰敢說歷史不會重演呢？

不要忘記，天下大亂最有利於野心家獨裁者的誕生。如果一個未來的希特拉成功征服世界，全人類將會被置於一個龐大的專制政權之下。由於科技的發達，政府對人民的監視和操控將會達到空前的地步。相對於理想中的「烏托邦」，人們把這種可怕的情況稱為「惡托邦」（Dystopia）。

在某一程度上，人類近五分之一現在已是生活在類似的情況之下。在表面上，今天的中國高度支持「自由」，「民主」和「法治」等普世價值，例如全國到處都可以見到宣揚「社會主義核心價值觀」的標語：

- 富強、民主、文明、和諧
- 自由、平等、公正、法治
- 愛國、敬業、誠信、友善

但口號是一回事，現實又是另一回事。中國是聯合國《政府權利公約》的締約國，而憲法則列明「中華人民共和國公民享有言論、出版、

集會、結社、游行、示威的自由」但現實中，這些自由卻受到嚴重的限制，而人權則屢遭踐踏。罄竹難書的事例包括（汶川地震後）追究「豆腐渣工程」的人被打壓、「毒奶粉」事件的「原告變被告」、上京「告御狀」的人被殘害和滅聲、被捕人士未經審訊卻被迫在鏡頭前認罪和寫悔過書、官商勾結下的「圈地」、「強拆」和「迫遷」、「低端人口」被隨意驅逐……而即使「維權律師」也被大規模抓捕和囚禁。回顧上述漂亮的口號，再加上我們在「科技失控」一章所提及的「社會信用系統」，我們不難看出，歐威爾在1948年發表的小說《1984》中提出的「新語」（Newspeak）、「雙想」（Doublethink，「戰爭即和平，自由即奴役，無知即力量」）和「老大哥在監視你」（Big Brother Is Watching You）等可怕的設想，不幸已經在今天的中國成為事實。

中國至今不肯接受「三權分立」制度，也不允許被稱為「第四權」的獨立自主的傳媒存在。她所奉行的「一黨專政」、「黨政不分」和「黨委書記」制度，與現代文明嚴重脫節。孫中山曾經為中國的發展提出「十年軍政、十年訓政」，然後達到憲政民主的「三部曲」。就算我們把每個階段所需的時間延長三倍，那麼以1949年起計，中國最遲於2009年便應該全面進入憲政民主的階段，而人民應該有權透過選舉選出各級及至最高層的領導人。但正如國父的遺言：中國仍是「革命尚未完成，同志仍需努力」。

宏觀地看，今天的中國是人類歷史上最龐大的一副專政機器。這機器統治下的14億人，數量上等於1880年的全球人口。在物質建設方面，中國在過去四十年取得了驚人的成就，而大量人民的生活條件亦

因此得到改善（雖然代價是生態環境備受破壞、貧富懸殊不斷加劇、貪污腐敗空前猖獗……）；但在精神文明的建設方面，中國卻是嚴重滯後於世界。劉曉波獲頒諾貝爾和平獎未能出席頒獎禮，最後更病死獄中；而妻子劉霞受長期監視軟禁最後要流亡海外……這些都只是無數踐踏人權個案中最備受關注的例子罷了。

我們為什麼要集中討論中國呢？不用說這是因為她在人類前途的問題上舉足輕重。西方的「中國威脅論」固然為了打壓中國的崛起，以防止她挑戰西方的霸權地位。但作為一個世界公民，我們也極其關心中國將會以怎樣的形式崛起。也關心隨著經濟和軍事實力的增加，中國會為世界帶來怎樣的價值和道德感召。

中國不斷強調會「和平崛起」，並在外交上奉行五大原則（互相尊重領土主權、互不侵犯、互不干涉內政、平等互利、和平共處），但問題是，她現在已經積極參與全球化資本主義這個遊戲，並且在很多方面正在走西方的「新殖民主義」和「新帝國主義」的老路（「一帶一路」政策與美國以債務控制其他國家的手法雷同）。這種發展至少帶來以下的影響：(1) 提升了「世界列強爭霸」（實質是資本主義下的資源和市場爭奪）背景之下的戰爭爆發風險；(2) 加速全球生態環境的崩潰；以及 (3) 喪失了能夠感召第三世界人民（佔全球人口三分之二）對抗西方宰制的道德領導地位。

我們都知道，在「資本累積」的硬邏輯之下，中國走上這條道路可說是為勢所迫。英諺中有一句：「若打不過他們，便唯有成為他們一分子。」（If you can't beat them, join them.）但我們要問的是，一方面中

國能夠在西方玩了數百年的這個遊戲上勝過對方嗎？而即使真的勝出了，中國獲得的將會是一個毀滅了的世界，「勝利」在那時還有什麼意義嗎？

相反，如果中國能夠發展出一套超越資本主義的制度，並且走上民主化的康莊大道，亦即實現筆者之前提到的「民主市場生態社會主義」，她將成為人類對抗浩劫和開拓美好未來的重要領袖。具體地說，在國內解除「黨禁」、「報禁」以至最後結束一黨專政還政於民；在國外則團結第三世界人民並大力推動聯合國的深層改革抗衡西方霸權，是中國政府未來數十年的應有之義。

學者韓毓海在他的著作《五百年來的中國與世界》(2010) 之中語重深長地說：「中國之改造必須與世界之改造並進才可真正成功。不改造世界，中國的復興也沒有希望。」筆者會補充說：「世界之改造必須與中國之改造並進才可真正成功。不改造中國，世界的復興也沒有希望。」

但現實是殘酷的。中國的民主化固然機會渺茫，與此同時，西方（特別是美國）更可能在「極右回朝」(the return of the extreme-right，又稱 alt-right) 之下，走上白人至上 (white supremacist) 的法西斯主義之路。科幻電影《V 煞》(*V for Vendetta*, 2005) 所描述的未來英國，正是走上了這條可悲的道路。(各位也許都知道，電影中所用的面具，已經成為全球抗爭者的標誌。)

這兒引申的一個問題是，科技的發達會令「起義」和「革命」更容易還是更困難？進一步說，科技進步會導致統治者更大的控制和壓迫，還是人民更大的自由和解放？

原則上這不是一個新的問題，秦始皇即位不久，便曾「盡收天下兵器」鑄造「十二金人」，以防人民謀反；元朝時則限定「十戶人共用一把菜刀」。但最後，這些政權還是被人民推翻了。

　　科技進步對起義的人民究竟是好消息還是壞消息實在不好說。二千多年後，由突尼斯（Tunisia）的「茉莉花革命」所導致的「阿拉伯之春」（Arab Spring）爆發，其間互聯網上的社交媒體（social media）究竟扮演了多重要的角色，學者到今天仍在爭議。2019年在香港爆發的「反修例運動」，其間的網絡討論平台「連登」和跨平台通訊軟件 Telegram 在沒有單一領導（俗稱「無大台」）的情況下起了重大的統籌和協調作用。但總的來說，無論科技多發達，毛澤東所講的「槍桿子裡出政權」到今天仍然適用。

　　表面看來，在先進武器、全面電子監控和大數據的管治下，人民要反抗暴政應該是愈來愈困難。但科技是死的而人是活的，我們永遠無法確定，由超高科技支撐的暴政是否真的會萬世不墜，抑或抗爭者終有辦法「以其人之道還治其人之身」，而電影中有如《饑餓遊戲》（*The Hunger Games*, 2012；以「近未來」為背景）或《星球大戰》（*Star Wars*, 1977；以「遙遠未來」為背景）裡的情節，會否在人類的未來出現。

　　科幻的最大作用是警世。如果我們不想2070年的世界成為極權的「惡托邦」，我們今天便必須盡一切努力，透過民主機制（議會抗爭）和公民行動（街頭抗爭）去阻止政府獲取過大的權力，致令高科技成為壓迫人民的工具。

9.6 「新啟蒙運動」與文明重建

對於2070年會是一個怎樣的世界，我們的探究終於接近尾聲。我相信我已列舉出足夠令人悲觀的理由。同樣地，我也列舉了一些值得我們樂觀的理由。作為讀者的你當然可以自行選擇。有關悲觀的傾向，我會借用生態紀錄片《地球很美有賴你》（*Home*, 2009）之中的一句旁白作為評注：「要悲觀已經太遲了！」

人之所以作為人，最珍貴的特質是：未到最後一刻也不言放棄。儒家的精神是「明知不可為而為之」，而即使失敗了，也必須「正冠而死」。

哲學家瑪麗·蜜徹莉（Mary Midgley）說：「放眼所及，我們看見人們不斷透過理性爭辯或搜羅資料以解決一些問題，殊不知唯一可以解決問題的方法，是人心上的改變。」

在最後這一節，我會嘗試探討這種「人心上的改變」牽涉的是什麼。

發表於1848年的《共產主義宣言》之中，最常被引用的名句之一是「一切堅實的都消失在空氣中」（all that solid melts into air）。這兒所指的，是在「工業主義／資本主義」（industrialism/capitalism）的硬邏輯之下，一切固有的傳統文化、道德、價值、信仰及至日常生活和人際關係，都在「市場效率」和「企業利潤」的無盡追求下被衝擊至體無完膚。結果，人們在肉體上和精神上都失去了安身立命之所。

十一年後（1859），達爾文發表了生物演化理論，指出了人類只不過是一種高度演化的動物。對於長久浸淫在基督信仰的西方文明而言，這是一個比「日心說革命」的殺傷力更大的思想炸彈。大部分人的反應是完全否定這套理論，但對於必須尊重邏輯和證據的知識分子，他們既無可迴避卻也無法將事實和他們長久抱持的「人類獨特論」相協調，心中的矛盾和痛苦可想而知。

　　二十世紀伊始，佛洛伊德（Sigmund Freud）開創了「心理分析」（psychoanalysis）的研究，進一步令人類的崇高形象受損。我們發現，我們最珍視的「理性」和「愛心」，往往受到強大的「潛意識」（subconscious）之中的種種欲念和衝動所支配。我們道貌岸然的高調論述，很多都只是為了對這些衝動和行為所作的合理化辯解（rationalization）罷了。

　　簡單來說，人類過去二百年左右的經歷，是從「無知的幸福」被迫進入「有知的痛苦」。

　　且看心理學家榮格（Carl Jung）在他發表於 1933 年的著作《尋找靈魂所在的現代人》（*Modern Man in Search of a Soul*）之中是怎樣說的：「現代人站在高山之巔，又或是世界的邊緣上。他的前面是『未來』的淵藪，他的上方是無盡的蒼穹，而在他腳下鋪展的是整個人類，其歷史消失於鴻蒙湮遠的過去。」在這樣的環境下，現代人是孤獨和失落的。榮格之所以要「尋找靈魂之所在」，正因為人類以往擁有的「靈魂」已經不知所蹤。

　　現代人的焦慮與徬徨，也非常突出地反映在穆薩爾・貝克特

（Samuel Beckett）的存在主義話劇《等待果陀》（*Waiting for Godot*, 1953）之中。整套劇裡，劇中人都在不斷等待，但到了最後，他們（以及台下的觀眾）其實也不知道要等的是什麼。

總的來看，現代人的焦慮、失落與徬徨，主要因為「科學革命」、「啟蒙運動」、「世俗化」、「工業革命」、「都市化」，「市場化」和「全球化」等歷史進程把舊有的世界觀和傳統價值統統打破了，其間卻未有建立起新的足以滿足心靈的世界觀和倫理價值。心靈空虛於是成為了現代人的普遍寫照。但人是需要心靈寄託的，而這正是為什麼傳統宗教沒有如羅素所預言的，在科學理性進步之下日漸式微；而各種「心靈運動」（如西方的「新紀元運動」（New Age movement），或在中國被列為邪教的法輪功等）都在世界各地湧現。

從宏觀的歷史角度看，筆者認為這種「迷失」是人類成長過程中的一種「陣痛」。但要面對未來的巨大挑戰，我們必須盡快走出這種陣痛，並以成熟睿智的胸襟來迎戰。其中的關鍵，是將人文精神和科學精神緊緊地結合起來。

上世紀中葉，由史諾（C. P. Snow）所提出的「兩個文化」現象（The Two Cultures），首次揭示了現代文明這個深層次的「病態」。所謂「兩個文化」是指科學家（men of science）和文人（men of letters）所各自擁抱的價值觀和世界觀。作為罕有地跨越兩個界別的一位學者，史諾痛心地指出，這兩個文化之間的隔閡已經到了一個令人吃驚和憂慮的地步。

簡單而言，科學家和文人身處兩個不同的世界，除了價值觀和世界觀不同外，他們也採取不同的語言和運用著不同的思考方法，故此

無法進行有意義的溝通。

更嚴重的是，他們彼此間往往互相漠視、輕視甚至鄙視和敵視。在不少文人的眼中，科學是機械的、冰冷的、欠缺人性的。科學觀念不僅驅逐了宗教的虔誠，也貶低了一切精神作用的地位，摧毀了傳統的美德和價值。人類進入了一個沒有信德，沒有感情，沒有人性的機器時代。在日益邏輯化、數量化、指標化的世界裡，個人受到否定，文化受到扼殺，靈性遭到摧殘。曾經有人說：「我們成為科學巨人之時，也將成為精神上的侏儒！」因此，要挽救人類，就得遏止科學的發展。

另一方面，不少科學家則對文人的世界嗤之以鼻。在他們眼中，大部分文人都是知識淺薄卻自我膨脹自以為是的「蛋頭」（eggheads，即象牙塔裡的學究）。那些備受推崇的經典作品一是重複又重複的無病呻吟（如不少文學作品），一是內容空動嘩眾取寵的市儈鬧劇（如在拍賣會裡被高價爭奪的抽象畫）。這些文人昧於世務卻身處高位，世界被弄至如此一團糟（包括全球暖化的失控），他們責無旁貸。

再進一步，科學家和文人（後者也可延伸至一切「人文學者」，humanists）都覺得自己才掌握著人類文明的火炬，而對方則屬可有可無（「大學裡的文學教授在浪費納稅人的金錢……」）甚至有損文明的進展（「科學家的研究會摧殘人性和毀滅世界……」）。

當然上述是一種刻意誇張的描述，而不少學者都兼備很高的科學和藝術修養（愛因斯坦擅長小提琴是一例）。但總的來看，「兩個文化」的隔閡不締為現代人的寫照。科學家於此要負上一部分責任。在上世

紀的「邏輯實證主義」（logical positivism）運動中，一部分科學家確曾將「可驗證原則」（verification principle）絕對化，而一切不可驗證和還原為科學公式的事物如欲念、情緒、愛惡、道德情操、意志、感情、愛美天性、信仰、神秘感等，皆被摒諸人類知識的門外。這種獨斷的「唯科學主義」（scientism），確令不少人對科學產生抗拒和厭惡。

還有不能忽視的，是過去兩百多年來，科學進步的確不斷為資本主義和消費主義服務。它一方面強化了資本家對工人的監控和剝削，另一方面則促使普羅大眾不斷追求物慾上的滿足和官能上的享受，結果導致了「人役於物」而非「物役於人」的非人化境況。由於大部分人不懂得批判資本主義，科學於是成為了代罪羔羊。

但另一方面，人文學者對「文、理對立」也要負上一部分責任，因為他們往往只看到科學探求過程中的客觀、理性、嚴謹，以及要盡量剔除個人感情因素等要求，卻看不到推動著科學家進行探求的強烈好奇心和那股鍥而不捨的巨大熱情，也看不到他們得以窺探宇宙奧秘時的那種狂喜。尤有甚者，他們沒有充份了解到，這些「宇宙奧秘」實包含著有關人類的起源和演化、人性的本質、人類的心理結構，感情和欲望、觀念和信仰的演變等等的深徹了解。這些了解都是人文學者所同樣追求的。

眾所周知，科學是人類物質文明的偉大成就，可大部分人未有充份了解的是，在一個遠為重要的層面，科學更是人類精神文明的一項偉大成就。

事實上，情感與理智是人性的一體兩面。簡單的道理是：沒有感

情作動力，理性便會枯竭；沒有理智作指引，情感便會盲目。兩者是相輔相成缺一不可的。

這和人類的前途有什麼關係呢？關係可大了。

學者愛德華・威爾遜（Edward O. Wilson）精辟地指出，人類今天的問題，主要由於「我們擁有石器時代的感情、中世紀的制度，以及好像天神一般的能力。」（We have paleolithic emotions; medieval institutions; and god-like technology.）要達至蜜徹莉所説的「人心上的改變」，我們首先要全面提升我們的心智水平。我們之前看過，科學精神和民主精神高度契合，再拉闊一點看，科學精神和人文精神也是高度吻合的。要提升人類的心智水平，實現「文、理融通」是關鍵的第一步。

威爾遜於1998年發表了《知識大融通》（Consilience - The Unity of Knowledge）一書，為實現這種融通踏出了第一步。過去廿多年來，其他有識之士亦沿著他的腳步作出了努力。

多年前，筆者已經嘗試建立一套我稱之為「科學人文主義」（Scientific Humanism，又稱「通濟人文主義」，Consilient Humanism）的思想。筆者深信，科學探求絕對不是人文精神的敵人，相反，它是人文精神的最佳盟友。此外，如果人類不能在物性、感性、理性和靈性諸方面達於融通，人類便不能得到真正的快樂。相反，如果人類能夠以開敞的心智繼續作出不偏不倚的探求，他會變得更睿智、更慈悲、更有活力、更像人。

從這個角度看，始自十七、十八世紀的「啟蒙運動」其實並未結束，或應該説「未竟全功」。今天，在經歷了（1）達爾文、馬克斯和佛

洛伊德的洗禮、（2）納粹主義、法西斯主義和共產主義帶來的對人性陰暗面的深刻了解、以及（3）遺傳學、古人類學、演化心理學、社會學和大腦及行為科學所帶來的洞悉之後，我們必須勇敢地再向前邁進，才對得起推動「啟蒙運動」的先賢。為了和歷史上的「啟蒙運動」作出區別，我們可以把發軔於廿一世紀初的這場運動稱為「新啟蒙運動」（The New Enlightenment）。

「新啟蒙運動」的一個出發點是，備受爭議的「現代性」（modernity）有其先天的兩面性。它既包含著自啟蒙運動以來的理性主義、人文主義和民主精神，亦包含著資本主義中的利潤掛帥、效率掛帥的「非人化」傾向。正如我們面對任何傳統文化和歷史遺產一樣，關鍵是怎樣去其糟粕、取其精華，以及不要將嬰兒跟髒水一併倒掉。

在本書開首，我們把二千多年前的「軸心時代」稱為人類的「第一次啟蒙」，那麼十七、八世紀發生在歐洲的「啟蒙運動」便應該是「第二次啟蒙」，而我們如今倡議的「新啟蒙運動」，便是人類歷史上的「第三次啟蒙」。

這趟「第三次啟蒙」面對的挑戰是空前巨大的，它們包括「新自由主義」死而不殭的思想宰制、種族主義和「極右」思潮的重新抬頭、宗教狂熱下的恐怖主義、全球暖化下的氣候難民浪潮、地緣政治爭霸的劍拔弩張、巨大既得利益集團的千般阻撓……但我們沒有退縮的餘地。我們一是被動地墮向黑暗世紀，一是主動地開創新的黃金時代。抉擇是我們的。

「新黃金時代」是夢囈嗎？其實不是。我們擁有的三大有利條件是

前人所沒有的：（1）在人類歷史上，我們首次有足夠的科技生產力，以滿足所有人的物質需要；（2）互聯網的急速發展，令我們擁有體現廣泛和互動的「直接民主」（direct democracy）的可能；（3）自二千五百多年前的「第一次啟蒙」以來，人類首次對「人從哪裡來？」、「人的本性為何？」、「人追求什麼？」以及「人怎樣才可和諧相處？」等問題獲得前所未有的深徹了解。

不要以為最後一項過於學究和抽象，我們常常說「從了解而成長」，這固然適用於個人，何嘗不適用於整個人類？基於這些日益深入的了解，再加上基於「非零和遊戲」原則的博奕論原理，我們遂可逐步設計出一套符合人性的社會制度，以及可以「互惠共贏」的國際相處之道。

其實早於一百年前，民國學者張東蓀便在1919年出版的《解放與改造》的雜誌上發表了一篇名叫《第三種文明》的文章。按照他的分析，人類文明可以分為三個階段。第一階段以習慣和迷信為基礎，他稱為宗教文明；第二階段以自由與競爭為基礎，他稱為「個人主義與國家主義文明」；至於第三階段則以互助和協同為基礎，他稱為「社會主義與世界主義文明」。他認為人類雖然仍處於第二階段，但必須向第三階段進發才有希望。今天看來，張氏的高瞻遠矚實在令人折服。

在二十世紀作出同樣呼籲的，是著名哲學家羅素（Bertrand Russell）。雖然他並不認同馬列主義式的「大同」理念，卻也同樣認為我們必須摒棄狹隘民族主義的包袱，並以理性和寬容的心共建世界政府，人類的發展才可踏上康莊大道。

踏進廿一世紀，學者史提芬‧平克（Steven Pinker）在他的作品《當下的啟蒙》（*Enlightenment Now – The Case for Reason, Science , Humanism and Progress* , 2018）之中，便列舉了大量的數據，論證世界在向好的發展和向壞的發展的趨勢其實均等，而我們必須掃除悲觀主義的窒礙，努力發揮積極向好的因素。他極力呼籲人類必須盡快展開「新啟蒙運動」。

然而，由於平克沒有考慮到資本主義在社會變革之中所扮演的關鍵角色（特別是在對抗生態危機時所起的窒礙所用），要更全面了解我們必須努力的方向，筆者認為大家還必須閱讀莫比奧特（George Monboit）所寫的《世界新秩序宣言》（*Manifesto for a New World Order*, 2004）以及梅森（Paul Mason）所寫的《光明的未來》（*Clear, Bright Future: A Radical Defence of the Human Being*, 2019）等以社會主義角度進行分析的著作。

在更為具體的政策層面，由美國議員歐加修-寇蒂茲（Alexandria-Ocasio Cortez）於2019年帶頭推動的「綠色新政」（Green New Deal）倡議雖然無法在國會通過，卻已引起美國民間及至全世界人民的廣泛討論。這個倡議在精神上源於美國總統羅斯福（Franklin D. Roosevelt）在上世紀三十年代所推行的「新政」（New Deal）。當年的主要目的是挽救經濟，如今的倡議則除了振興經濟（「綠色產業革命」可以創造大量就業）之外，還可以實現社會公義，以及對抗環境生態危機，可謂一舉三得。

想多些了解這方面的發展，大家可參閱由克萊因（Naomi Klein）所寫的《著了火》（*On Fire – The Burning Case for a Green New Deal*,

2019），以及由巴比亞（Edward Barbier）所寫的《全球綠色新政》（*The Global Green New Deal*, 2010）。當然，一日特朗普仍然在任，這個倡議能夠轉化為美國國策的機會可說微乎其微。但長遠來說，如果美國人民能夠真正醒覺，這個倡議得以實現並非沒有可能。而不用說，這個倡議不但適用於美國，而是適用於全世界。

總的來說，我們的首要任務是扭轉現今世界種種不可持續的發展趨勢，並且解放思想，以創新的思維建立一個「財富共創、繁榮共享」的社會秩序，從而恢復人與人之間的和諧、人與自然之間的和諧，以及人與自己內心世界之間的和諧。「全球公義運動」最重要的一句口號是「另一個世界是可行的！」（Another World Is Possible!）

從某一個角度而言，筆者羨慕今天的年輕人，因為二十一世紀文明重建的任務就掌握在他們手裡。

最後，讓我以愛因斯坦的這段話作結：「如果以它所面對的問題來量度的話，理性誠然是弱小的。如果再和人類的愚昧及狂熱相比，就更顯得渺小了。我們不得不承認，這兩者不管在大事或是小事上都主宰著人類的命運。但在喧鬧和紛亂的年代裡，卻只有理性的成果可以流傳下來。」

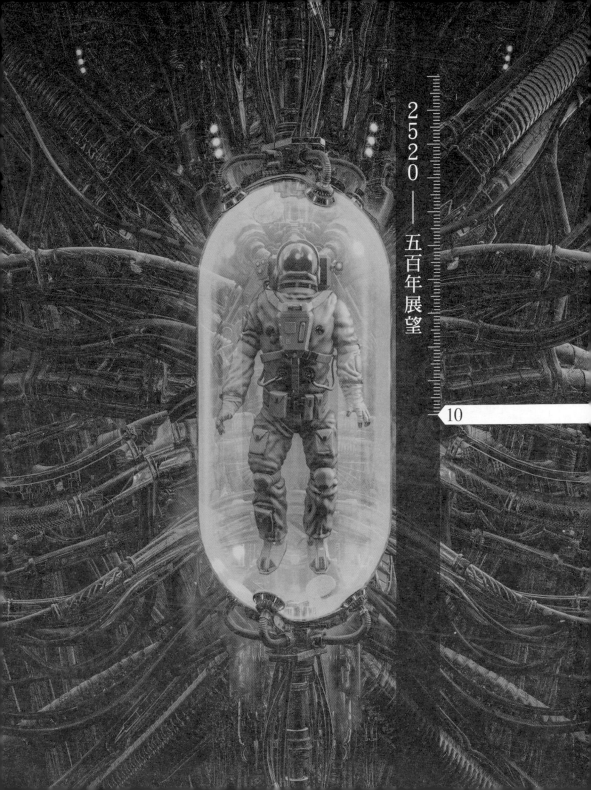

2520 ── 五百年展望

10

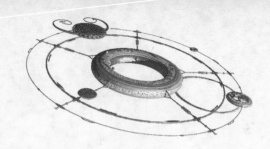

10.1 500年
有多久？

完成了50年後的展望，我們終於來到了本書最前瞻的部分：對500年後的人類世界作出展望。

對於只有「匆匆數十寒暑」的個人來說，500年是一個漫長得超乎想像的時間。但對於數千年的人類文明來說，500年既不算長，卻也不算短。最後，如果放到人類數百萬年的演化歷史來看，500年當然只是彈指之間。

讓我們再仔細地看看。如果一個人的平均壽命是85歲（迄今只限於先進國家），則500年便差不多是這個壽命的6倍。如果平均100年內有4個世代，那麼500年內便可有20個世代。如果以中國明朝的276年計，500年便等於1.8個明朝。如果以瓦特於1765年改良蒸氣機開啟工業革命至今計，500年便差不多是這段時間的兩倍。

再長遠點看，500年是孔子至今年代的5分之一，是埃及大金字塔興建至今的10分之一，是農業革命至今的24分之一，是人類祖先最先懂得用火至今的1,000分之一。

以上是關於長短的概念，以下讓我們看看，500年前的世界，以及兩個500年前即1,000年前的世界是怎麼樣子：

- 1520年的世界：東羅馬帝國（拜占庭帝國）陷落後67年；達文西死後第二年；日心說革命（Heliocentric Theory）之前23年；

奧圖曼帝國正如日中天；鄭和下西洋結束後87年；哥倫布抵達
北美洲後28年；中美和南美的兩個文明（阿茲提克和印加）即
將被西班牙人徹底毀滅；人們仍然相信地球是宇宙的中心；人
類達到的最高速度是騎馬疾跑的速度（約時速50公里）；原始
的火槍已經出現；但望遠鏡和顯微鏡仍未發明；全球人口約為
5億。

- 1020年的世界：宋朝是地球上最先進的文明（男性的識字率達
  10-15%，女性的也達2-5%），首都開封是地球上第二大城市
  （人口40多萬，僅次於穆斯林統治下的西班牙城市科爾多瓦）；
  阿拉伯帝國和「伊斯蘭黃金時代」正處於高峰；歐洲則處於相
  對落後的中世紀時期；由印度人發明的數字系統開始經阿拉伯
  人傳到歐洲，但「阿拉伯數目字」的全面普及還是四百年後的
  事；刀劍和弓箭是最先進的武器；全球的人口約為3億。

好了，基於這些歷史的回顧，以及本書迄今的討論和分析，讓我
們嘗試展望500年後的世界將是怎麼的樣子。

10.2 長生不老？

　　參考我們探討「50年後世界」所使用的方法，我們對500年後將是什麼模樣，也可透過下列問題的答案來作出窺探。這些問題是：到了2520年的時候，

1) 人類已經自我毀滅了嗎？（如果是，他的「繼承人」是誰？）

2) 人的壽命是多少？還是原則上已可長生不死？

3) 人類已經實現了「點石成金」之術了嗎？

4) 世界政府出現了嗎？

5) 強AI實現了嗎？他們可以獲得公民的身份嗎？

6) 科技奇點（心靈上載）出現了嗎？

7) 人類對自己進行了重大的基因改造了嗎？（人類已經變成了「超人」了嗎？「超人」有多少種？）

8) 知識有窮盡嗎？如果有，人類的知識是否已接近盡頭？

9) 人類的足跡已經遍布太陽系了嗎？是否更進行了大規模的行星改造工程（planetary engineering），例如加厚火星的大氣、為月球加上大氣層、為金星降溫、縷空小行星以作居住等？

10) 地球以外的人口會較和地球上的多嗎？

11) 已經發明了超光速的飛行方法（faster-than-light travel）了嗎？

12) 已經離開太陽系進行星際探險（interstellar exploration）了嗎？

13) 已經進行地球復收和「再野生化」（The re-wilding of nature）了嗎？

14) 會否提升其他動物的智力，使牠們成為我們的真正伴侶嗎？

15) 遇到外星人了嗎？（或只是偵測到外星文明的存在？）

在未回答上述的問題前，讓我們回顧一下，在之前的「50年展望」中，我們刻意不去考慮的幾種情況：（1）地球經歷類似令恐龍滅絕的一次天體大碰撞；（2）與外星文明發生接觸；（3）出現一種可以徹底改變世界面貌的超級科技（如任何人也垂手可得的無盡能源）等。

可以看出，在「500年展望」中，筆者仍然沒有包括毀滅性的天體大碰撞，卻包括了「與外星人接觸」的可能性。至於「可以徹底改變世界面貌的超級科技」，筆者則把「點石成金」、「人類的自我基因改造」、「人工智能的醒覺」和「人機結合、心靈上載」這幾項包括在內。

不錯，上述的一部分問題我們在「50年展望」中已經提出過了，但「50內年會否實現」和「500年內會否實現」當然是截然不同的問題。好了，現在就讓我們對問題逐一簡略地作出探討。

第一條當然是最重要的，因為如果人類已經滅亡，這個展望便再也沒有意思。但這只是對絕大部分人來說。對於科幻迷，他們自會極想知道假如人類滅絕了，他的「繼承人」會是誰呢：是人工智能還是地球上其他生物？如果是人工智能，它們會發展出一個怎樣的「機械文明」？如果是其他生物，牠們會發展出怎樣的高等智慧？還是高等智慧會一去不返，而地球回歸到人類未出現前的境況？

假設人類未有滅絕，接著的問題是：人類那時的平均壽命是多少？二百歲？三百歲？五百歲？還是原則上已經可以長生不死？留意這種長生不老固然可以來自純生物醫藥的進步，但更有可能源自生物工程學的進步，亦即人類已經和機器結合而成為「機器改造人」（cyborg，由 cybernetic 和 organism 這兩個字組合而成的一個名稱）。在最極端的構想中，我們除了大腦加上脊髓的中央神經系統外，整個身體都是機器所造，所以能夠在身體變得殘舊時換一個全新（以及最新款）的。科幻電影《鐵甲威龍》(*Robocop*，2014) 以及《銃夢之戰鬥天使》(*Alita*，2019) 的情節正是建基於這樣的假設。

無論長生不老如何得以體現，大大延長了的壽命將對社會（包括家庭和婚姻制度）帶來巨大和深刻的衝擊。我們將會變成一個極其聰明睿智的族類？還是會變成一個「超級老齡化」並且暮氣沉沉的族類？

由於這是一個意義重大的問題，讓我們更深入的考察一下。首先，由於資源上的限制，死亡率接近零（之不等於零是因為人們還是會死於意外的）即等於出生率要接近零。結果是，人類社會基本上再也不會聽到兒童的歡笑聲和充滿朝氣的少年面龐。這真是我們心中的烏托邦嗎？

我們常常勉勵年輕人「惜取少年時」，可是對一班面前是「永恆」的長生者，《明日歌》中的「明日復明日，明日何其多」將會成為一項客觀的描述而非勸勉性的告誡。結果是，長生者做任何事也不會有迫切感。今天不做，明天還可以做；明天不做，後天還可以做……甚麼「爭分奪秒」和「只爭朝夕」的魄力和衝勁都會因此消磨殆盡。大部分人都

可能因此一事無成。

　　另一點大家可能沒有充份考慮的，是對於可以長生不死的人，因意外而死亡將會成為他們最大的恐懼。也就是說，他們會養成異常謹慎甚至極度保守的心態，而不願作出任何冒險的行徑或嘗試新鮮的事物。誠然，貪生和怕死是人的天性，但假若「人生自古誰無死」，則總會有滿腔熱血的人肯「拋頭顱、灑熱血」為正義而犧牲。如果可以不死，這種高尚的情操是否也會逐漸消失？

　　此外，長壽固然可以帶來智慧，但也可帶來思想上的僵化。如果這一長壽是以數百甚至數千年計，則後一種情況出現的機會，肯定會遠遠超越前者。文明的進步，往往有賴新的心靈以全新的眼光去看待現存的事物（所謂「長江後浪推前浪」）。而藝術的創造，則更有賴新的心靈所帶來的奇思妙想。試想想，即使偉大如貝多芬，我們也難以想像他能夠（假如他沒有死）創作出這二百多年來眾多風格迥異的精彩作品（如德彪西、巴托、葛希文和蕭斯塔科維契等的作品）。結論是，一個由「不死人」組成的社會，將會很快成為一個停滯不前的社會。

　　至此，大家也許能夠領略超級長壽甚至長生不死會為「人類處境」帶來何等重大的衝擊。不錯，假如人類的未來以星空作舞台（見下文），資源的限制會大大減少，而人類在「不死」的同時仍然可以繼續繁衍下去。但就以人類的老家地球為例，相信絕大部分新出生的人都會傾向離開地球以謀發展，而剩下來的，便是那班「老不死」。

10.3 點石成金？

　　至於第三條要探討的問題，是除了可以令我們的壽命大幅延長之外，人類的科技在500年後究竟已經發展到怎樣的地步？我所謂的「點石成金」（the Midas touch），乃指人類對物質控制的境界。

　　要知世界最根本的構成是空間、時間、物質和能量。二十世紀初的物理學革命告訴我們，空間和時間是密不可分的，故真實存在的是「四因次時空連續體」（4- dimensional spacetime continuum）；而物質和能量則可互相轉化（E = mc2），故此可說是一體的兩面。

　　關於「時空」的控制，我們會於稍後探討。關於「質能」的控制，我會作這樣的分析：人類之於宇宙，比聖彼得大教堂中飄浮著的微塵還要渺小得多，相對於我們所使用的能量，宇宙中存在的能量可謂浩瀚無邊、用之不竭（例如地球每刻所截獲的太陽能量，便只是太陽釋放出來的二十億分之一）。我們現時遇到的「能源危機」（特別是「戒不掉」化石燃料這種「毒癮」），完全是我們的科技不濟和畫地為牢的結果。只要我們能夠通過了廿一世紀的瓶頸，人類在可見的將來也不會出現什麼「能源危機」。

　　有關能量的另一個角度，是人類既已釋放出核能，是否還會釋放出更巨大更具破壞性的能源形式？若要筆者猜測，答案是肯定的，亦即在未來五百年，人類必然會掌握到威力更強大的能源，從而製造出更為可怕（或應說更為瘋狂）的武器。多年來，科幻小說便已假設在

288

未來的「星球大戰」中，會出現一些能夠把整個行星摧毀的超級武器（planet buster）。不用說，這會令到人類之間是否能夠和平相處成為更為嚴峻的問題。

然而，能量的控制是一回事，對物質的控制又是另一回事。就算我們擁有用之不竭的能源，但那並不表示我們可以隨意製造出元素周期表（Periodic Table）上任何一種化學元素（chemical element）如黃金和稀土，更不用說由這些元素組成的各種物質如石油、食物、血液、皮膚和各種藥物等。

在人類的紛爭中，以能源為主調（主要是二十世紀才被廣泛應用的石油）是非常晚近的事情。在絕大部分的情況，爭奪的都是各種的物質，而最有趣的，是實用價值甚低的「貴金屬之王」黃金。事實上，現代化學的發展，很大程度上乃建基於歐洲人對「鍊金術」（alchemy）的狂熱。到了今天，一種比黃金更珍貴的，是「稀土」（the rare earth elements）這系列具有甚高戰略價值的元素。有人甚至預期，對稀土的爭奪，可能成為未來數十年大國間軍事衝突的火藥引。

回顧鍊金術的夢想，其實就是把一種較「卑賤」的元素（如鉛）轉化為另一種遠為「矜貴」的元素（如金），也就是「元素轉化技術」（transmutation of the elements）。現在的問題是，這個千百年來的夢想（以「點石成金」的希臘神話計，歷史自是更久），在500年後已經實現了嗎？

嚴格來說，物理學家盧塞福（Ernest Rutherford）在上世紀二十年代已經成功地把一種元素轉化成另一種元素，而在人類後來建造的核子反應堆之中，這種轉化每一刻都在發生。問題是，這些都是我們難以控制也極其昂貴的過程，跟廣泛應用的階段相差不諦十萬八千里。（例

如製造一克黃金的成本將等於這克黃金價值的千百萬倍。)

物質轉化技術會成熟到什麼地步，其意義實遠遠超越了一般的「科技預測」，因為如果有了無盡的能源，復有元素轉化和物質合成技術，人類便真真正正進入了「後稀缺」的超級富饒時代。而人類因為資源爭奪而導致紛爭的歷史終可告一段落。(科幻小說作家當然不會認同此說，因為這樣便再也沒有什麼故事可寫了。他們會假設，某種令人智力超升或長生不老或穿越時空或什麼什麼的藥物，只能生產於某一個星球之上，而對這個星球的爭奪，便是星球大戰的起因。但大家請想想，如果連元素也可以轉化，難道500年後的科學家就不可以透過人工合成來製造出這種藥物嗎？)

另一個相關的問題是「機械的自我複製技術是否已經變得十分普遍？」我們在〈科技失控〉那一章已經看過，人工智能發展的一個預測，是電腦／機械人可以進行自我複製和不斷自我改良。由於「機器自我複製」的可能性，最先乃由科學家馮諾曼 (John von Neumann) 於上世紀五十年代作出嚴謹的邏輯論證，所以人們把懂得自我複製的機器稱為「馮諾曼機器」(von Neumann machines)。我們的問題於是變成：「馮諾曼機器」在500年後已經十分普遍了嗎？（留意這兒的「自我複製」應該是全程「不經人手」的，即從原材料的開採和加工、廠房的興建，以及所有儀器和中間組件的製造，都是由機械人自主地完成。)

在筆者看來，答案是 99.99% 肯定的。而這亦是人類進入「超級富饒年代」的重要基石。

稍後大家會看到，這兩個問題的答案和「外星人會否侵略地球」也是息息相關的。)

10.4 ▶ 國家的 消亡？

　　有關「世界政府」的第四條問題我們在「50年展望」中已遇過了。按筆者的猜測，即使2070年時「世界政府」仍然遙遙無期，但在未來500年之內，「世界政府」出現的可能性乃十分之高。過去數十年廣受歡迎的兩套科幻電視和電影系列，都不約而同地作出了這樣的假設。筆者指的，當然便是由吉恩・羅登貝瑞（Gene Rodenberry）於1966年創立的《星空奇遇》（*Star Trek*，又稱《星艦奇航記》）電視劇集，以及由喬治・魯卡斯（George Lucas）於1977年創立的《星球大戰》（*Star Wars*）電影系列。

　　在《星空奇遇》的未來世界，傳統的國家已不再扮演著任何重要的角色。人類基本上團結在一個名叫「星際聯邦」或「行星同盟」（United Federation of Planets）的組織之下。留意這套劇集的時代設定（以首播時的「企業號」星艦的第一次五年探險任務起計），只是23世紀中葉（寇克（James T. Kirk）晉升為艦長是2258年），即只是今天與2520年時距的一半。即使羅登貝瑞對23世紀的設想過於樂觀，但再過260年呢？（2520-2258=262）

　　至於《星球大戰》，背景是年份不詳的「遙遠未來」，而絕大部分人都被一個龐大的「銀河帝國」（Galactic Empire）所統治。顯然，我們今天熟悉的國家在那時皆已灰飛煙滅。

暫且讓我們放下「銀河帝國」這個遙遠猜想。即使我們只是集中於太陽系之內的未來數百年，所謂「分久必合，合久必分」，到了2520年（在今天看來已屬「遙遠的未來」），人類可能已經「分、合」了多次，不過層次上可能已經超越我們熟知的範疇，例如那時火星已經獨立，而小行星帶眾多住有人類的小行星，亦已經結盟成為一個獨立的政治實體（月球離地球太近，能夠爭取獨立的可能性相對較低）。2015年啟播的科幻電視劇《太空無垠》（*The Expanse*）正是以此作為故事的主題，並描述了不同集團之間出現了張弓拔弩甚至軍事衝突的情況。但留意劇中的時代只是距今二百年左右（與《星空奇遇》相若），與2520年仍有一段很大的距離。

　　國家真的會消亡嗎？歷史上有兩次關於「國家即將消亡」的論述，第一次是馬克斯和恩格斯在闡述「辯證唯物史觀」時，認為資本主義已經到了沒落階段，而在經歷了革命和過渡性的社會主義階段之後，人類將會進入共產主義階段。到了那時，作為階級壓迫工具的「國家機器」將沒有存在的必要，在「世界大同」之下，「國家」這種事物將會成為歷史陳跡。

　　馬、恩二人的預言固然未有實現，但這並不妨礙人們再次預言「國家消亡」的嘗試。在上世紀九十年代，隨著世界貿易組織的正式成立（1995），「全球化」的熱潮席捲全球，不少學者於是再次提出「國家消亡論」。按照他們的分析，傳統的「主權國」（sovereign nations）將會被一眾國際組織（WTO、IMF、世界銀行）以及跨國企業集團（transnational corporations, TNCs）所淘汰。但事實證明，這些預言與「辯證唯物史觀」

的命運好不了多少，「全球化」已經在「零八金融海嘯」之後逐步退潮，而「主權國」仍然是人類歷史舞台上的主要角色。

事實上，環顧今天世上的國家，有些固然十分年輕（如以色列只有72年而新加坡只有61年歷史），但一些的歷史已有數百年（如法國）甚至數千年（如中國和伊朗）之久。這樣看來，《星空奇遇》假設二百多年後這些國家將不復存在，實在令人難以置信。

但且慢！電視劇集（以及後來的電影）之中其實沒有宣稱這些國家已經消亡，只是在劇情中沒有提及她們罷了。一個更大的可能性，是這些國家仍然存在，只不過她們都服膺於一個更高層次的管治組織「星際聯邦」罷了。這便有如在今天的歐盟裡，每個成員國仍然是一個「主權國」，不過在貨幣、人流、貿易等諸多安排上彼此開放和統一罷了。

我們在較早的章節曾經探討：歐盟是否會成為人類和平共處的一個典範。筆者當時的答案是傾向悲觀的。但不要忘記，我們當時考慮的，是未來數十年的發展，而我們現時考慮的，是未來數百年的發展。

在此順帶一提的是，無論在《星空奇遇》還是《星球大戰》的未來世界，我們都看不到任何營銷廣告、商業運作、金融投資（投機）活動、失業問題、大企業大財團的身影，甚至是金錢的使用。也就是說，兩個未來世界都並非我們所熟悉的資本主義世界，反而十分酷似我們想像中的社會主義世界。

而最奇妙的是，數十年來，千千萬萬的觀眾也不覺得這樣的描述有什麼問題，反映了這些設想在某一程度上符合了人們心中對「未來世界」的嚮往。更具體地說，無論是編劇還是觀眾都隱隱覺得，資本主義

之被超越，是人類社會發展的必然規律。

早於二千五百多年前，孔子便這樣描述心中的理想社會：「大道之行也，天下為公。選賢與能，講信修睦。故人不獨親其親，不獨子其子；使老有所終，壯有所用，幼有所長，矜、寡、孤、獨、廢疾者，皆有所養；男有分，女有歸。貨，惡其棄於地也，不必藏於己；力，惡其不出於身也，不必為己。是故謀閉而不興，盜竊亂賊而不作，故外戶而不閉，是謂「大同」。」雖然他的理想至今未能得到貫徹，卻仍然鼓舞著無數追求社會公義的人士。

如果説孔子是理想主義者，那麼馬克斯則更是一個浪漫主義者。他認為隨著科技突飛猛進，人類最終會擺脱物質上的匱乏狀況，從而由「必然王國」進入「自由王國」。在那時：「一個人應該可以上午狩獵、下午釣魚、黃昏放牧、而晚上則在火爐旁邊進行哲學評論，而毋須成為一個真正的農夫、漁人、牧人或是哲學家。」

但馬克斯所講的「自由王國」只是指能夠「擺脱物質生活營役」的自由，而對自由的最大威脅，是野心家想支配和操控別人的慾望。這種「唯我獨專」的慾望可以和物質享受有關，也可以完全無關。正如我在第五章的「民主與專制的鬥爭」一節中所言，人類未來將會生活在一個開明、進步、民主的政體之下，還是一在個龐大的獨裁、專制的政體之下，仍是一個未知之數。筆者是科幻大師阿西莫夫的仰慕者，但記得我念中學時首讀他的《銀河帝國三部曲》，卻是很不以為然。我心想：人類已經走上了民主共和的康莊大道，又怎會在遙遠的未來開倒車回到「帝國」之上呢？半個世紀轉眼過去，今天的我反倒沒有年少時那麼肯定了……

10.5 星空
作舞台？

在五十年展望中，筆者多次提出了文明在本世紀內出現大崩潰的可能性。對於那些剛剛為人父母的朋友，這當然是個極其令人不安的消息。即使你不是這些人，也會對由此帶來的巨大人道災難痛心不已。但如果我們採取一個較為超然的歷史學角度，我們會有興趣的是，文明崩潰之後，人類要花多久才能將文明重建呢？

不錯，對於西羅馬帝國的公民，帝國於公元五世紀的崩潰便有如世界末日；而對於東羅馬帝國的公民，康士坦丁堡的陷落（1453）也必然有如世界末日。但在歷史的長河裡，這些都是文明興衰的一部分而已。也就是說，即使現代文明在本世紀末崩潰，人類也可能在廢墟中逐步將文明重建。當然，歐洲的中世紀（很多史家都認為「黑暗時代」這個稱謂是過份誇張）延續了近一千年，所以我們無法保證，到了2520年，人類是否已經令文明完全復蘇過來。

不要忘記，以往的文明崩潰都是區域性的，但我們今天面對的氣候災劫和生態環境崩潰，卻是全球性的。科學家更指出，氣候變化的影響在未來數百年也不會消失（部分多出的二氧化碳可在大氣層內停留達數百年之久）。如果不幸發生了核子戰爭，則輻射污染更可令大範圍的地方在未來數百年也不能住人。

「浩劫後」的文明重建是科幻小說的一大主題，兩本經典之作是約

翰‧溫德姆（John Wyndham）於1955年所寫的《蛹》（*Chrysalids*）和小華爾達‧米勒（Walter M. Miller, Jr.）於1959年所寫的《萊布維茲的讚歌》（*A Canticle for Leibowitz*）。

但讓我們作出最樂觀的假設，而人類避過了文明全面崩潰的浩劫，或是在崩潰後能夠迅速恢復過來，那麼到了2520年，人類的足跡是否已經遍布（1）太陽系，和（2）太陽系以外的浩瀚星空呢？

一般人可能覺得這兩條問題大同小異，但稍有天文知識的人當知兩者極其不同。讓我們先看看前者。

以現時的太空航行技術，人類發射的太空船已經可以抵達太陽系內的任何天體。當然，這是指不載人的太空船而言。如果要載人，需要攜帶的空氣、水和食物，以及如何防止太空中的高能輻射損害太空人的健康等問題，將令難度以倍數提升。就以遠征火星為例，一次來回的旅程便要花上兩年多的時間。要前往火星以外的小行星帶（asteroid belt）探險，所需的時間自會更長。如果要去遠得多的木星或土星的話，更要花上數十年的光景。

但我們說的是500年後的2520年啊！筆者深信，除非文明崩潰並無法在短期內恢復，否則人類的足跡屆時應已遍及整個太陽系，不單在月球、火星和水星等天體上建有繁盛的城市，更會縷空了大量石質小行星作為太空居所以及穿梭太陽系的太空郵輪，或甚至在金星上開展大規模的環境改造工程……上文介紹的電視劇集《太空無垠》是對這種情況的一種初步假想，更為氣魄恢弘和深刻細膩的一趟嘗試，可見諸由科幻作家金‧史丹尼‧羅賓遜（Kim Stanley Robinson）於2012年發表

的長篇小說《2312》。（一些人可能以為，火星上建有「繁盛的都市」屬大話西遊，但請想想，身處1500年的哥倫布，可以想像2000年的紐約嗎？）

但至於第二個「遍布太陽系以外的浩瀚星空」的假設又如何呢？這兒的關鍵，在於上文中第八條問題的答案：「人類可以打破光速的極限嗎？」

每秒三十萬公里的「光速」是宇宙中最快的速度，它可以於一秒間環繞地球赤道七周半。但比起宇宙中巨大的距離，這個速度就像蝸牛爬行般慢。例如太陽的輻射從太陽的表面抵達地球要8分多鐘，要抵達冥王星要6個多小時，要徹底離開太陽系更要數個月的時間。

與太陽系最近的恆星是半人馬座的南門二（Alpha Centauri），距離是4.3光年，亦即以光速也要四年多才能抵達。天上幾顆較著名的恆星如天狼、牛郎和織女跟我們的距離分別是8.9、16.7和25光年，而這些已是我們的近鄰。我們肉眼所見的恆星大多在數十至數百光年以外，而透過望遠鏡所見到的，更加在數千至數萬光年不等。所有這些恆星都是銀河系的成員，而銀河系的直徑是十萬光年，亦即光線由一端跑到另一端需時十萬年。

愛因斯坦的相對論告訴我們，隨著物體運動的速度趨近光速，它的質量會顯著上升，而推動它所需的能量便要愈來愈大。按此推斷，即使我們的科技如何突飛猛進，光速的90%應是人類可能達到的速度極限。

那表示什麼？那表示要前往一顆一百光年以外的恆星，旅程的時

間不可能少於110年。就算人類將來可以活到二百歲，有人會願意花上半生的時間在一趟旅途之上嗎？

事實上，不少科學家認為，達至光速的90%是過份樂觀了。展望將來，能夠達到光速的一半已是十分了不起的成就。（無人太空船今天所達到的最高速度還不到光速的萬分之一。）假設超長壽的未來人類能夠忍受30年的航程（例如進行一去不返的星際移民之時，其間還必須有「人造冬眠」的幫助……），則人類的活動範圍將會局限於15光年之內。天文學家告訴我們，這個範圍內的恆星約有四十多顆，也許這便是未來「星際聯邦」的最大規模。

假如人類能夠打破光速的極限，情況當然會大大不同。《星空奇遇》和《星球大戰》等都採取了這個假設，否則劇中的情節統統無法成立。但有一點是大部分人都會忽略的，就是有如《星空奇遇》中的「摺曲引擎」（warp drive），究竟可以把太空船推至光速的多少倍？十倍？一百倍？一千倍？不要忘記，即使是驚人的一千倍，太空船跨越銀河系也要100年之久，而飛往一顆5,000光年外的星球也要整整5年的時間。

而不用説，「摺曲引擎」只是想像中的產物，科學家對於打破光速的極限，至今仍是一點頭緒也沒有。不少科幻電影假設我們可以透過「蟲洞」（worm holes，又稱「蛆洞」）以跨越巨大的宇宙距離，但它們從來沒有解釋，人類怎樣能夠在穿越其間，不被巨大的引力場撕得粉碎……

但我們也不用太過悲觀。即使我們接受光速的限制，人類未來的歷史仍然有可能「以星空作舞台」。為什麼這樣説？原來上文分析「亞光

速」星際探險時，我們只是考慮了從地球出發的探險，而沒有考慮更符合人類遷徙歷史的「漣漪效應」。

現在讓我們假設人類在一百年後即2120年派出第一艘星際探險船前往10光年外的一顆恆星。以光速的一半飛行，這艘船會於20後抵達。現假設船員在那兒的一顆行星上建立基地，並花了100年時間安頓和建造兩艘同類的太空船。好了，這兩艘船將於（2120+20+100=）2240年出發，並會於2260年抵達兩顆距離同樣為十光年的目標恆星。假設船員將上述的做法重複，則2360年時會有4艘船出發探險，到了（2360+20+100=）2480年則會有8艘船出發，而到了2500年時，人類探測的恆星數目（即使地球以後也再沒派出任何探險船）會等於1+2+4+8=15個。而到了2620年（即距今600年後），這個數目會變成31個。不難看出，這種複式增長可令人類在不出一萬年之內（即由農業革命至今多一點的時間）遍布整個銀河系。

更為有趣的一點是，上述的星際探測船其實可以是全自動的「馮諾曼機器」，而人類是足不出戶在地球靜候它們的探險報告。

然而，以人類那天生冒險犯難的性格，我不相信他會甘於只派機器前往，而長遠來說，星際大遷徙終究會發生。當然，這種遷徙不會導致什麼「星球大戰」或「銀河帝國」，而居住於各個星球的人類，大部分是「老死不相往來」。可以想見，每次一艘外來太空船的抵達，將是極其罕有的盛事。基於這個大前提創作的科幻故事可謂絕無僅有，一個較突出的例子是克拉克於1986發表的《遙遠地球之歌》（*Songs of Distant Earth*）。

以上是筆者對第八至第十條問題的探討。本書執筆時，科學家已經發現了四千多顆環繞著別的恆星運行的「系外行星」（exoplanets），其中有數十顆已被斷定為處於沒有太熱也不太冷（以我們所認知的生命形式來看）的「宜居域」（habitable zone）。這個「尋找地球 2.0」的努力肯定還會繼續下去，而我們會找到愈來愈多環境與地球相似的行星。

　　基於這些分析，500 年後應有不少人已經長居地球以外。他們大部分會住在太陽系的其他天體之上（最多的必然是月球和火星），但也有少部分人居住在別的太陽照耀之下。科學家霍金和企業家馬斯克（Elon Musk）等人皆先後指出，進行星際移民是為人類整個族類留有後路（買保險）的一項必要行動。假如地球上的人不幸遇到一些毀滅性的災劫（如超級瘟疫），那麼活在地球以外的人，將成為了人類血脈與文明的延續者。

　　至於這些住在地球以外的人，數目上最終是否會超越地球上的人口，長遠來說筆者認為答案是肯定的。但如果把時間設定於 2520 年，則筆者會傾向保守而答：「未至於」。一個參考的例子是，哥倫布抵達北美洲至今剛好 500 年多一點。美國現時的人口是 3.27 億、英國是 0.66 億，而歐洲是 7.4 億，亦即與英國比較已經超越，但與歐洲比較則並未超越。當然，南、北美洲的總人口是 10 億，所以經已超越歐洲的總人口。那麼，你是傾向「悲觀」還是「樂觀」呢？

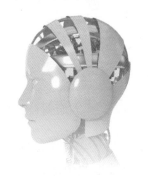

10.6 面目全非的 人類？

我們迄今的討論，都假設 500 年後的人類與今天的基本上一樣。但這個假設合理嗎？抑或那時的人類已經變得面目全非，而我們的預測都會變得毫無意義？

說人類會變得「面目全非」是否有嘩眾取寵之嫌呢？不錯，假如我們把一個五百年前的人帶到今天，他會目眩神迷驚訝不已；而假如我們把把一個五千年前的人帶到今天，他更會覺得進入了一個不可思議的魔幻世界。但假設這些人皆滿有智慧而又有機會逐步了解這個世界背後的運作原理，他們最後大多會會心微笑告訴自己：不論世界怎樣變化，原來人性（自大自私、好逸惡勞、爭權奪利）始終都是一樣……及後，他們更可能成功地作出適應而安頓下來。

的確，在歷史的長河裡，500 年不足以改變基本的人性。但不要忘記的是，複式增長的「指數曲線」（exponential curve）有初期變化緩慢的部分，也有急速飆升的部分，而人類似乎正處於後一階段。上述問題中的第四、五和六條，正是想探討這階段裡的一些「斷裂性」變化。我們在上文已經探討了「人機結合」（man-machine amalgamation）的可能性，現在我們進一步要問的是：

- 強 AI 實現了嗎？
- 將心靈轉化為電腦編碼並上載至網絡的「科技奇點」出現了嗎？

- 人類對自己進行了大幅的基因改造了嗎？

　　上述任何一個問題的答案若是肯定的話，將為人類的處境帶來翻天覆地的變化。如果強AI實現了，地球上將首次出現兩個高等智慧族類、兩種性質截然不同的自覺心靈。人類應該怎樣和這個新的族類新的心靈相處呢？醒覺了的AI仍然能夠成為人類的僕人嗎？抑或他會很快超越人類而變成人類的主人，只是他會悉心照顧我們，就像我們會悉心照顧寵物一樣？

　　另一個可能性是人和AI結合，最後達到無分彼此的境地，而「心靈上載／融合」會實現人類千百年來「長生不死」的夢想。試想想，如果我們的「數碼心靈」有多個「備份軟件」（backup softcopies），那麼即使現時這份出了什麼差池，我們也可按預先的安排啟動其中一個備份，這個「自我」不是可以永續下去了嗎？然而，這兒牽涉一個深刻的哲學困惑：那些備份真的是「我」嗎？抑或只是擁有跟我的個性和記憶一模一樣的另一個人？「備份」的啟動是我的「復活」？還只是另一個人的「出生」？

　　我不知道「後人類主義」（post-humanism）的支持者會怎樣回答這個問題。若是要我回答，我只能想到佛教裡的「涅槃」（nirvana）境界，亦即到了「萬流歸宗、萬化冥合」之時，在一個超然物外的「超級意識」（super-consciousness）裡，「自我」的消失是一件值得慶幸而不是哀傷的事情。（請不要問我這是什麼意思……）

　　從神秘主義回到現實，到了2520年，人類是否已經對自身進行了大規模的基因改造，從而弄至面目全非呢？例如他們已經能夠在水中

呼吸在海底生活、皮膚能夠進行光合作用而不用進食、可以適應火星上的惡劣環境、可以變得身輕如燕在空中飛翔、可以在太空的真空狀況下生存、甚至可以透過心靈感應來溝通、進而好像科幻電影《巴巴麗娜》（*Barbarella*,1968）中所描述，兩人合掌即可做愛，而精神上的快慰和滿足感會較原始的做愛形式高得多？

顯然，最重要的一項改造是大幅提升感官能力和思維能力，亦即變得更敏銳更聰明。這種進入了「超人」（也超長壽）境界的「後人類」，還是今天我們這些「低等人類」可以理解的嗎？正如科幻小說《怪約翰》（*Odd John*, 1935）開首所說：無論一隻貓有多聰明，牠可以理解抱著牠的主人嗎？

一個大膽的設想，是人類已經演化出一種「集體心靈」（hive mind，又稱 gestalt mind），其能力較單一的心靈（即使如何聰明）強大和高超得多。在以往，這種假想中的結合靠的是神秘的「心靈感應」能力（telepathy，就像科幻作者席奧多·史鐸金（Thoedore Sturgeon）於1953年所寫的小說《超人類》（*More Than Human*）一樣）。但到了未來，這種結合大可能是「人、機結合」的結果。在那時，除了獨立自主的「個人」身份外，我們可能也有屬於由數個以至數十個人組成的「集體自我」的身份。

接著下來，如果我們擁有上述種種能力，我們是否會把它應用到其他生物如猿類、海豚甚至犬隻身上，亦即把牠（他？）們的智力大幅提升，從而變成人類的真正夥伴呢？也許在探索宇宙的路途上，人類不會孤身上路，而伴隨著他的，將是與他平起平坐的智能機械人和超

級黑猩猩（superchimp）？

然而，正如無數科幻小說中的預測，人工智能和超級猩猩皆可以與人類爆發衝突甚至全面的戰爭，而電影系列《未來戰士》（Terminator, 首集於1984年播映）或《廿二世紀殺人網絡》（Matrix, 首集於1999年播映）之中的情節，以及《猩凶革命》系列（首集 Rise of the Planet of the Apes 於2011年播映）所設想的情況，確有可能在未來出現。

如果我們落敗，人類的「繼承人」會是誰？克拉克曾經說：「在演化歷程上，人類可能只是由動物跨越中間的深淵，從而抵達尼采所描述的超人境界的一道索鏈。果真如此，我們也好應為了能夠作出這項可貴的貢獻而感到自豪。」這固然是擁有超然氣度的視野，只是我們不知道，在索鏈的另一端，究竟是尼采所描述的「超人」，還是完全超乎尼采所能想像的東西……

在筆者列出的14條問題中，現在剩下的是：

- 人類已經進行大規模的自然復修，包括將地球「再野生化」了嗎？

- 人類對知識的探求已經接近極限了嗎？

- 已經遇上外星人了嗎？

第一個問題是最簡單的。假設人類能夠避過重大的災難（或已在災劫中重生），「修成正果」的人類很可能會對備受破壞的地球作出復修工程。這些工程應會包括大幅增加森林和濕地的面積，在海洋則是大幅增加珊瑚礁和巨藻森林（kelp forests）的面積。然後是大力保育其中孕

育的各種生物。由於很多的生物物種已經消失，人類會從「種子／基因庫」中悉心培育這些物種的個體，然後把牠們小心翼翼地放回自然環境中去。其實今天的一些環保學者，已經提出了這個「再野生化」（the re-wilding of nature）的呼籲。即使這個呼籲在未來 50 年未能落實，筆者深信也會在未來 500 年實現。

也就是說，如果我們進入「人造冬眠」然後在 2520 年醒來，看到的不會是科幻電影中的超級未來城市，而是到處皆恢復了原生態的自然環境。那時，返樸歸真的人類閑適又優雅地過著簡單的田園生活，就像威爾斯（H.G. Wells）在小說《時間機器》（*The Time Machine*，1895）中所描述的未來人類「艾洛伊人」（Eloi）一樣。不同的是，住在地底操作著機器為他們服務的，不是小說中那些可怖的「莫洛克人」（Morlock）奴隸，而是可以不眠不憂的馮諾曼機械人。

一個諷刺的「再野生」情景，是到 2520 年時人類已經自我毀滅，而大自然全面自我復修。切爾諾貝爾（Chernobyl）的核災難發生至今三十多年，周遭正出現了類似的情況，只是我們現在說的不是某個區域，而的是整個地球罷了。

假設人類沒有自我毀滅，而即使文明曾經大幅倒退，但到 2520 年已經大致復興的話，那麼基於第四章所闡述的「共融圈」不斷擴大的趨勢，筆者大膽地斷言，人類那時早已停止殺生以裹腹，而人類進食其他生物的習慣，將被看成為一個原始和殘忍的野蠻階段。也就是說，佛祖「不殺生」的教誨終會實現。（但留意這並不表示人類必會成為素食者，因為幹細胞或更先進的技術可以培養出並不長在生物身上的牛扒、雞脾和斑塊等。）

10.7 遇上 外星人了嗎？

　　對於餘下的兩條問題，相信不少讀者都會覺得一條熟悉一條陌生。熟悉的當然是「遇上外星人了嗎？」，而陌生的則是「人類對知識的追求到了盡頭了嗎？」但大家很快會看到，這兩條問題之間實有著微妙而密切的關係。

　　首先要澄清的是，地球形成至今已經46億年，但我們至今未有找到外星人曾經到訪地球的確鑿證據。如果外星人真的存在，原則上他們可以明天便到訪地球，也可以未來一千甚至一萬年也不會出現。這樣看來，我在「50年展望」中沒有考慮這個可能，卻在「500年展望」中包括了這個可能，在或然率上是不合理的。

　　上述的分析完全正確，如果我們假設人類在過程中是完全被動的話。但在未來500年內，一方面我們的天文偵測技術必然遠遠超越今天的水平，另一方面我們也可能前往其他的恆星系統探險，所以我們找到外星生命的可能性自然較未來50年高出很多。留意我們往往將「外星人」理解為一是與人類的發展水平相若、一是較人類先進很多的族類，但同樣可能的，是一些有如人類過去數十萬甚至數百萬年的發展水平的生物族類。試想想，北京猿人50萬年前已經懂得用火，假如我們找到一個懂得用火的外星族類，即使他們未發展出高等的文明，難道我們就不承認他們是「外星人」嗎？

接著讓我們看看「外星人侵略地球」以及「人類被外星人勞役／消滅」的可能性。

宇宙形成（大爆炸）至今138億年、地球形成至今46億年、恐龍統治地球近1億5千萬年，而人類的演化（以人類遠祖跟黑猩猩的遠祖分道揚鑣起計）則有7百萬年左右的歷史。在這段歷史中，人類只是在過去一萬年左右才踏上文明之路、只是四百多年前才出現科學革命、只是二百多年前才出現工業革命、只是數十年前才發明電腦、駕馭核能和進入太空。方才我們說「外星人」可以較人類落後，但同樣地，他們也可以較我們先進。而我想指出的是，只要這些外星人的發展比我們先進那怕只是一百年，在科技發展的「爆炸性加速」趨勢下，如果他們真的要侵略地球，我們是如何也沒有抵抗的餘地。

這便把我們帶到「知識有沒有盡頭？」以及「人類在500年後已經接近這個盡頭了嗎？」這些問題。這些問題之和外星人有關，是基於以下的邏輯：如果知識沒有盡頭，則假設人類在未來500年遇上一族較我們先進的外星人，「沒有反抗餘地」的結論便無可避免。但假如知識有盡頭，而且人類在未來500年已經抵達這個盡頭，則無論外星人在演化上較我們先進一千年、一萬年甚至一百萬年，他們所掌握的知識，也應和人類所掌握的知識處於同一水平，也就是說，大家的科技水平應該相若，而「抵抗外星人的侵略」便成為有可能的事情。

如果你嘗試找一百個在前線進行研究的科學家查問，我敢說一百個也不會接受「知識有盡頭」的可能。但一些科學史家卻認真地提出，自從相對論、量子力學、宇宙起源理論、混沌理論和基因生物學發展

至今，重大而深刻的科學發現已經開始減慢下來。展望將來，我們似乎難以想像再有好像二十世紀般的翻天覆地的發現。當然，這可能只是克拉克所說的「想像力的軟弱」和「勇氣的軟弱」在作祟，但我們也不可能先驗地抹殺「主要的知識已被發現」這個可能性。（對於念物理學出身的筆者，我最期待的科學突破是相對論和量子力學在理論上的結合，亦即是愛因斯坦至死也在努力建立的「統一場論」。我頗有信心這在2070年前可以實現。前文沒有提及，是因為覺得這太學術性了。）

　　但退一步想，我們為什麼要假設外星人會侵略地球呢？如果外星人能夠跨越浩瀚的星際距離抵達地球，他們的科技水平必然遠遠在我們之上。我們之前已經指出，隨著科技的發達，人類即將進入一個「後

稀缺」的「超富饒時代」，那麼對於這些擁有無盡能源、可以「點石成金」、以及有大量馮諾曼機器不歇地為他們服務的外星人，他們又怎會有求於我們？甚至要佔領地球並將我們勞役甚至趕盡殺絕呢？

尤有甚者，一些論者指出，已經發展出超高科技（包括核武或更可怕的武器）的外星族類，在道德情操方面必然較人類為高尚，因為若不如此，他們必然已經因為自相殘殺而步上毀滅之路。也就是說，我們假設外星人會到處侵略和掠奪，只是我們把自己的劣根性作出可笑的投射罷了。

不用說，以上都屬臆想性的推論，直至我們真正遇上外星智慧生物，我們都無法判定那一種看法正確。即使如此，科幻作家劉慈欣在他的著作《三體》中，便提出了他稱為「黑暗森林法則」的獨特看法，那便是：即使宇宙中的外星智慧族類絕大部分都是善良的，但只要一千個（或一萬個）之中有一個是邪惡的，而我們剛巧不幸遇上，也會死無葬身之地。正是基於這種考慮，一些科學家 —— 包括著名的物理學家霍金 —— 也提出了警告，勸籲人類不要積極尋找外星人，更不要隨便透露我們的所在。

還有一個可能性我們未有考慮，那便是根本沒有什麼外星人，而人類是宇宙中唯一的高等智慧生物。

上世紀六十年代，科學家卡達舒夫（Nicolai Kardashev）提出了高科技文明發展可能經歷的三個階段：第一型文明可以駕馭故鄉行星上所有的能量、第二型可以駕馭母恆星所發出的所有能量，而第三型則可駕馭它所處星系（如人類所屬的銀河系）所發出的所有能量。按照這個

「文明指標」，人類現在接近但尚未達到第一型文明。

如果卡氏的推論正確，那麼宇宙中不少先進的外星文明，很可能已達到第二甚至第三型階段，而我們應該從天文觀測之中，找到不少大型「天文工程」（astro-engineering）的蛛絲螞跡。事實卻是，我們迄今在這方面未有任何發現。「他們在哪兒？」這個疑問，便構成了著名的「費米悖論」（Fermi's paradox）。

其中的一些猜想是：可能外星文明的科技遠超我們，以至我們無法偵測到它們的存在，這便有如亞馬遜叢林裡的原始部落，不察覺充斥於他們周遭的無線電波一樣。另一個猜測則是，外星人故意將他們的存在隱藏，以免影響仍在發展道路上的「半智慧族類」（例如人類）。這個「不干預政策」，正是電視劇集《星空奇遇》中著名的「最高守則」（Prime Directive）。

「費米悖論」一個最簡單的答案，是人類是宇宙中唯一的高等智慧族類。這並不是說宇宙中沒有其他生物，只是這些外星生物都沒有發展出高等智慧和科技文明。

匪夷所思嗎？請看看恐龍統治了地球近1億5千萬年，卻始終沒有發展成為「恐龍人」。而假設6千5百萬年前的小行星大碰撞沒有發生（如因為一些引力擾動而小行星與地球擦身而過），則今天統治地球的，很可能仍然是恐龍一族。

顯然，如果高等智慧的出現是一個獨一無異的現象，而人類已是宇宙中智慧最高的生物，我們看不到什麼第二型、第三型文明的蹤影也就不足為奇了。

另一個發人深思的答案，是高等智慧生命的出現可能十分普遍，但他們的發展都是自我否定的，亦即他們的道德水平必然追不上他們的科技水平，所以很快便會自我毀滅……

　　哪一個才是真實的答案？沒有人知道。若是要我猜測，我會傾向相信，在茫茫的宇宙之中，應該還有別的高等智慧生物存在。也會相信（說是主觀願望應更為貼切），即使大部分這些生物最終自我毀滅，也仍會有一些能夠順利通過考驗而抵達成熟和睿智的安全境地。

　　即使在同一地球之上，生物演化也產生了這麼多千差萬別的生命形式，那麼在別的太陽照耀下，在一個完全不同的環境裡，經歷了完全不同的演化歷程之後……這些外星智慧生物會是怎麼的模樣？他們的生理結構、心理結構、生活模式、社會模式、哲學、宗教、世界觀、價值觀會如何跟我們的截然不同？我們之間可以互相溝通互相理解嗎？生物學家哈爾登曾經說：「宇宙不比我們想像的奇妙，它比我們可能想像的更奇妙！」把這句話應用到各種可能存在的外星人身上，可說最貼切不過。而克拉克所說的「想像力的軟弱」，恐怕都適用於我們每個人身上。（有關人類能否與外星人溝通的問題，筆者極其推薦大家閱讀由天文學家霍爾（Fred Hoyle）所寫的《黑雲》（*The Black Cloud*, 1957）和波蘭科幻大師林姆（Stanislaw Lem）所寫的《梭那利斯》（*Solaris*, 1961）這兩本小說。）

　　在所有方程式之中，我認為最為震撼的，是以下不會在任何科學教科書中出現的一條：

X／人 = 人／螞蟻

再極端一點，我們可以將右方分母的螞蟻改為病毒。

在以往，方程式中的 X 只能代表各種宗教所信奉的神靈、上帝。但生物演化理論卻為我們帶來了另一種可能性。正如 500 萬年前、50 萬年前、甚至「只是」5 萬年前的人類祖先無法理解現代人的物質創造和精神境界；5 萬年後、50 萬年後和 500 萬年後如果還有人類存在的話，他們的物質創造和精神境界顯然也會超越我們的想象。也就是說，上述方程中的 X 再也不限於虛無飄渺、「信則有、不信則無」的超自然神靈，而完全可以是演化過程下的自然產物。

如果我們的視野只局限於地球，上述的 X 當然意義不大，除非我們能夠發明一種「超級人造冬眠」技術，讓我們一覺醒來便去到 500 萬甚至 5000 萬年後，得以看看人類演化成怎麼樣子。

但如果人類不是茫茫宇宙中唯一的智慧族類的話，情況可變得大為不同。這是因為，在別的太陽照耀下成長的生物，在演化上既可較我們落後，卻也可以先進得多。不要忘記 100 萬甚至 1,000 萬年在宇宙的歷史上皆只是彈指之間，如果在 1,000 萬年間，人類已可由類似狐猴（lemur）的生物演變成今天的我們，那麼一個演化上比我們先進 1,000 萬年的智慧族類，是否會跟我們心目中的「神」沒有兩樣？

而最為激動人心的是，載著這些超級生物（超級心靈）的太空船，理論上隨時可以在地球的上空出現。

總的來說，人類與外星人的相遇，肯定會是人類歷史的分水嶺。

事實是，即使這些外星人的發展水平較人類的低，他們的存在也會大大衝擊我們的哲學、宗教和自我形象。而我們將怎樣對待他們，

也會是對我們道德情操的重大考驗。人類歷史上其實並不缺乏類似的例子，而結果並不令人樂觀。科幻電影《阿凡達》（*Avatar*）裡的情節，正描述了可能出現的情況。

相反，如果外星人的發展水平高出人類很多，即使他們無意加害人類，但面對如此先進的文明，人類是否會感到極度自卑而變得一蹶不振？而最後的結果比遭遇外星人侵略還要糟糕？哥德（Goethe）曾經說過：「要是上帝明天便將所有奧秘告訴我們，我們將會十分難堪，因為既然什麼都知道了，我們便會悶得發慌，不知怎樣打發日子。」外星人雖然不是上帝，但如果他們的知識和思想水平遠遠高於人類，結果也可能不遑多讓。

由此引申，如果我們明天便收到外星人發出的無線電訊號，我們應該回答還是不回答？

在今天，上述的討論純屬臆想。但我深信，到了2520年，我們對這些問題的答案當會知悉得深入透徹得多。

克拉克曾經這樣說：「我們面對兩種可能性：我們是孤獨的，或是我們並不孤獨，兩種都同樣令人震撼不已。」（Two possibilities exist: either we are alone in the Universe or we are not. Both are equally terrifying.）就讓我們以此為「500年展望」的旅程作結。

10.8 連問 也不懂得問的

　　我們對500年後世界的探討，到此告一段落。更貼切地說，是筆者的想象力已經到了盡頭。

　　但大家還記得哈爾登所言：「宇宙不比我們想象的奇妙，它比我們所能想象的更奇妙」嗎？如果歷史給予我們什麼啟示的話，那必然是很多關鍵的探問都被遺漏了。原因是，很多問題我們是連問也不懂得問。

　　請試想想，在五百年前的1520年，即使我們集合了當時最有學問、最具歷史視野、最有想象力的一班人，然後叫他們嘗試想像五百年後的世界會是何等模樣，他們有可能提出以下的問題嗎？

　　到了2020年

- 全球汽車的數目有多少？（那時當然還沒有汽車……）

- 平均每天的飛機航班有多少？（當然更沒有飛機……）

- 世界上有多少個國家擁有核子武器？（更遑論核武……）

- 地球上最強的國家是哪一個？（那個國家當時還未存在呢……）

- 全球最大的十間銀行是哪？（世上當時還沒有銀行……）

- 全球「上網」/擁有手機的人口比例為何？（「上網」是什麼？手機是什麼？）

- 世界上有多少個國家的婦女享有普選權？（什麼是「普選權」？這和婦女有什麼關係？）

314

　　類似的問題還可以繼續下去，但就是以這些例子即可看出，500年來的發展，有多少是完全超出身處1520年的任何智者的知識範圍和想象能力的。同理，筆者深信，我們有關2520年的提問，亦必有不少屬一廂情願和捉錯用神。以開玩笑的精神來看，那時的重要問題應該是：

- A的情況會是X嗎？
- B的情況會是Y嗎？
- C的情況會是Z嗎？

　　至於 A,B,C 和 X,Y,Z 是什麼，活在今天的我們是無法得知也無法想像的。

　　這當然便是未來的最大特性，也是令我們不至於「悶得發慌，不知怎樣打發日子」的樂趣泉源。

童年的終結？

　　我們終於到了旅途的終站，但這是否也是人類的終站？還只是人類故事的開端？沒有人知道。我們只是知道，從生物演化的角度看，人類仍然是一個十分年輕的族類。古生物學家告訴我們，螞蟻的歷史有1億4千萬年，鯊魚的歷史更有4億5千萬年。相比起來，只有數百萬年歷史的人類是個演化上的「新丁」。

　　到今天仍會有人嘲笑恐龍是一個失敗的族類，但翻看歷史，牠們在地球上存在的時間是人類的24倍。除非我們能夠存在多1億5千萬年，否則我們沒有嘲笑恐龍的資格。

　　宇宙還很年輕，我們的太陽便更年輕。科學家的研究顯示，約46億年前形成的太陽，至少還有50億年的壽命。但至於人類的壽命還有多久，沒有科學家膽敢回答。

　　1960年，科學家法蘭克‧德雷克（Frank Drake）首次嘗試透過無線波以偵測可能來自外星人的訊號。雖然偵測沒有成功，但他於1961年邀請了一群知名的科學家來探討外星文明存在的可能性。在會議上，他寫下了一條幫助我們思考這個問題的方程式，這便是著名的「德雷克方程」（Drake Equation）：

$$N = R^* \times f_p \times n_e \times f_l \times f_i \times f_c \times L$$

其中

N = 銀河系內可能與我們通訊的文明數量

而

R^* 代表銀河內恆星形成的速率；

f_p　代表恆星擁有行星的或然率；

n_e　代表在上述的行星系統中，位於宜居帶（habitable zone）內的行星的平均數目；

f_l　代表以上行星發展出生命的或然率；

f_i　代表在孕育著生命的行星上，高等智慧生物出現或然率；

f_c　代表在擁有高等智慧生命的行星上，會出現能夠進行星際通訊的科技文明的或然率

L　代表上述科技文明的預期壽命

　　過去數十年的科學研究，已經令我們對影響N的頭三個因子有了初步的掌握。但是由第四項因子開始，我們仍然處於純粹臆想的階段。這不是一本專門探討外星生命的書籍，當然無法對這些因子逐一解說。筆者提出這條方程，目的是讓我們思考最後的一個因子：L。不錯，這個「科技文明的預期壽命」原本只用於我們想尋找的外星文明身上，但只要我們想一想：它何嘗不可以用於人類本身？

　　人類進入「能夠進行星際通訊的科技文明」只有短短數十年，但如果人類在未來數十至一百年內自我毀滅，或文明大幅倒退而且永不翻

身，則這個L將會非常短暫。

如果人類的發展是典型的話，我們對「費米悖論」便有了一個新的答案，那便是「高科技文明」在宇宙中可能並不罕見，但它們有著強烈的自毀傾向，以至存在的時間非常短暫，就好像溪流的水面偶然冒起的氣泡般一瞬即逝。果真如此，我們探測不到外星人的存在也就不出奇了。

人類的L將會是多少？一萬年？一千萬年？還是會類似恐龍的以億年計？我們推測500年後的世界是怎麼模樣已是這麼困難，對於一萬年甚至一千萬年後的人類世界，當然是無從想像。但有一點是肯定的，如果人類能夠延綿不絕，那麼我們身處的，顯然只是人類的童年。

當然還有一個可能性，就是高等智慧族類最後都會演化至一個反樸歸真的境界，而對星際溝通完全失去興趣。這兒有兩個可能，一個是有如詩人葉慈 (Y.B. Yates) 所言：「有誰會猜到，熱熾的心會變老」(Oh who would have foretold. That the heart grows old.) 至於另一個可能，是高等智慧的歸宿就是佛家所說的「涅槃」，而塵世的宇宙已不再是值得關切的東西⋯⋯

答案是什麼？沒有人知道。牛頓以下這句話說的是他個人，卻也適用於全人類：「我覺得我不過是在沙灘上玩耍的小孩，偶爾找到一片漂亮的貝殼、撿到一個較光滑的卵石便歡欣不已，但對於延展在我面前的真理海洋，卻一無所知。」

面對亙古而浩瀚的宇宙，我們不得不感到謙卑。無論人類的前途如何，重要的是我們今天愛過、笑過、哭過、活過。如果人類可以成功步入成年的階段，這本書便可看成為我們告別童年的一個小小總結。

本書的寫作還有更迫切的目的，就是希望我們能夠認清我們身處的困境，然後盡一切努力令人類通過前方的急流險灘，抵達潮平岸闊的境界，繼而開啟一個新的「文藝復興」、新的黃金時代。

我承認我是個浪漫主義者，我心中永遠懷著的一段話，是「叢林哲學家」史懷哲（Albert Schweitzer）所說的：「我認為人的稟性決定了他的命運，除此之外沒有其他的命運。因此，我不認為他必定會循著現時的路往下沉；在未抵達盡頭之前，他仍有可能醒覺和回頭。」

李偉才

香港大學圖書館

2019 年 10 月 31 日

Insight 50

人類的
前途
——未來 50 年與 500 年

作者	李偉才
出版經理	呂雪玲
責任編輯	謝鑫
書籍設計	Marco Wong
相片提供	Getty Images
出版	天窗出版社有限公司 Enrich Publishing Ltd.
	九龍觀塘鴻圖道 78 號 17 樓 A 室
發行	天窗出版社有限公司 Enrich Publishing Ltd.
電話	(852) 2793 5678
傳真	(852) 2793 5030
網址	www.enrichculture.com
電郵	info@enrichculture.com
出版日期	2020 年 2 月初版
承印	嘉昱有限公司
	九龍新蒲崗大有街 26-28 號天虹大廈 7 字樓
紙品供應	興泰行洋紙有限公司
定價	港幣 $138　新台幣 $580
國際書號	978-988-8599-39-4
圖書分類	(1) 社會科學　(2) 哲學

支持環保　此書紙張經無氯漂白及以北歐再生林木纖維製造，
並採用環保油墨印刷。